U0506600

王阳明家训
译注

［明］王阳明　著

陈椰　林锋　选编／译注

上海古籍出版社

"十三五"国家重点图书出版规划项目

上海市促进文化创意产业发展财政扶持资金资助项目

目录

"中华家训导读译注丛书"出版缘起

一、家训与传统文化

中国传统文化的复兴已然是大势所趋，无可阻挡。而真正的文化振兴，随着发展的深入，必然是由表及里，逐渐贴近文化的实质，即回到实践中，在现实生活中发挥作用，影响和改变个人的生活观念、生命状态，乃至改变社会生态，而不是仅仅停留在学院中的纸上谈兵，或是媒体上的自我作秀。这也已然为近年的发展进程所证实。

文化的传承，通常是在精英和民众两个层面上进行，前者通过经典研学和师弟传习而薪火相传，后者沉淀为社会价值观念、化为乡风民俗而代代相承。这两个层面是如何发生联系的，上层是如何向下层渗透的呢? 中华文化悠久的家训传统，无疑在其中起到了重要作用。士子学人

（文化精英）将经典的基本精神、个人习得的实践经验转化为家训家规教育家族子弟，而其中有些家训，由于家族的兴旺发达和名人代出，具有很好的示范效应，而得以向外传播，飞入寻常百姓家，进而为人们代代传诵，其本身也具有经典的意味了。由本丛书原著者一长串响亮的名字可以看到，这些著作者本身是文化精英的代表人物，这使得家训一方面融入了经典的精神，一方面为了使年幼或文化根基不厚的子弟能够理解，并在日常生活中实行，家训通常将经典的语言转化为日常话语，也更注重实践的方便易行。从这个意义上说，家训是经典的通俗版本，换言之，家训是我们重新亲近经典的桥梁。

对于从小接受现代教育（某种模式的西式教育）的国人，经典通常显得艰深和难以接近（其中的原因，下文再作分析），而从家训入手，就亲切得多。家训不仅理论话语较少，更通俗易懂，还常结合身边的或历史上的事例启发劝导子弟，特别注重从培养良好的生活礼仪习惯做起，从身边的小事做起，这使得传统文化注重实践的本质凸显出来（当然经典也是在在处处都强调实践的，只是现代教育模式使得经典的实践本质很容易被遮蔽）。因此，现代人学习传统文化，从家训入手，不失为一个可靠而方便的途径。

此外，很多人学习家训，或者让孩子读诵家训，是为了教育下一代，这是家训学习更直接的目的。年青一代的父母，越来越认识到家庭教育的重要性，并且在当前的语境中，从传统文化为内容的家庭教育可以在很大程度上弥补学校教育的缺陷。这个问题由来已久，自从传统教育让位于西式学校教育（这个转变距今大约已有一百年）以来，很多有识之士认识到，以培养完满人格为目的、德育为核心的传统教育，被以知识技能教育为主的学校教育取代，因而不但在教育领域产生了诸多问题，并且是很多社会问题的根源。在呼吁改革学校教育的同时，很多文化精英选择了加强家庭教育来做弥补，比如被称为"史上最强老爸"的梁启超自己开展以传统德育为主的家庭教育配合西式学校，成就了"一门三院士，九子皆才俊"的佳话（可参阅上海古籍出版社即将出版的《我们今天怎样做父亲——梁启超的家庭教育》）。

本丛书即是基于以上两个需求，为有志于亲近经典和传统文化的人，为有意尝试以传统文化为内容的家庭教育、希望与儿女共同学习成长的朋友量身定做的。丛书精选了历史上最有代表性的家训著作，希望为他们提供切合实用的引导和帮助。

二、读古书的障碍

现代人读古书，概括说来，其难点有二：首先是由于文言文接触太少，不熟悉繁体字等原因，造成语言文字方面的障碍。不过通过查字典、借助注释等办法，这个困难还是相对容易解决的。更大的障碍来自第二个难点，即由于文化的断层，教育目标、教育方式的重大转变，使得现代人对于古典教育、对于传统文化产生了根本性的隔阂，这种隔阂会反过来导致对语词的理解偏差或意义遮蔽。

试举一例。《论语》开篇第一章：

子曰："学而时习之，不亦说（'说'，通'悦'）乎？有朋自远方来，不亦乐乎？人不知而不愠，不亦君子乎？"

字面意思很简单，翻译也不困难。但是，如何理解句子的真实含义，对于现代人却是一个考验。比如第一句，"学而时习之"，很容易想当然地把这里的"学"等同于现代教育的"学习知识"，那么"习"就成了"复习功课"的意思，全句就理解为学习了新知识、新课程，要经常复习它——一直到现在，中小学在教这篇课文时，基本还是这么解释的。但是这里有个疑问：我们每天复习功课，真的会很快乐吗？

对古典教育和传统文化有所理解的人，很容易看到，这里发生了根本性的理解偏差。古人学习的目的跟现代教育不一样，其根本目的是培养一个人的德行，成就一个人格完满、生命充盈的人，所以《论语》通篇都在讲"学"，却主要不是传授知识，而是在讲做人的道理、成就君子的方法。学习了这些道理和方法，不是为了记忆和考试，而是为了在生活实践中去运用、在运用时去体验，体验到了、内化为生命的一部分才是真正的获得，真正的"得"即生命的充盈，这样才能开显出智慧，才能在生活中运用无穷（所以孟子说：学贵"自得"，自得才能"居之安""资之深"，才能"取之左右逢其源"）。如此这般的"学习"，即是走出一条提升道德和生命境界的道路，到达一定生命境界高度的人就称之为君子、圣贤。养成这样的生命境界，是一切学问和事业的根本（因此《大学》说

"自天子以至于庶人，壹是皆以修身为本"），这样的修身之学也就是中国文化的根本。

所以，"学而时习之"的"习"，是实践、实习的意思，这句话是说，通过跟从老师或读经典，懂得了做人的道理、成为君子的方法，就要在生活实践中不断（时时）运用和体会，这样不断地实践就会使生命逐渐充实，由于生命的充实，自然会由内心生发喜悦，这种喜悦是生命本身产生的，不是外部给予的，因此说"不亦说乎"。

接下来，"有朋自远方来，不亦乐乎"，是指志同道合的朋友在一起共学，互相交流切磋，生命的喜悦会因生命间的互动和感应，得到加强并洋溢于外，称之为"乐"。

如果明白了学习是为了完满生命、自我成长，那么自然就明白了为什么会"人不知而不愠"。因为学习并不是为了获得好成绩、找到好工作，或者得到别人的夸奖；由生命本身生发的快乐既然不是外部给予的，当然也是别人夺不走的，那么别人不理解你、不知道你，不会影响到你的快乐，自然也就不会感到郁闷（"人不知而不愠"）了。

以上的这种理解并非新创。从南朝皇侃的《论语义疏》到宋朱熹的《论语集注》（朱熹《集注》一直到清朝都是最权威和最流行的注本），这种解释一直占主流地位。那么问题来了，为什么当代那么多专家学者对此视而不见呢？程树德曾一语道破："今人以求知识为学，古人则以修身为学。"（见程先生撰于1940年代的《论语集释》）之所以很多人会误解这三句话，是由于对古典教育、传统文化的根本宗旨不了解，或者不认同，导致在理解和解释的时候先入为主，自觉或不自觉地用了现代观念去"曲解"古人。因此，若使经典和传统文化在今天重新发挥作用，首先需要站在古人的角度理解经典本身的主旨，为此，在诠释经典时，就需要在经典本身的义理与现代观念之间，有一个对照的意识，站在读者的角度考虑哪些地方容易产生上述的理解偏差，有针对性地作出解释和引导。

三、家训怎么读

基于以上认识，本丛书尝试从以下几个方面加以引导。首先，在每种书前冠以导读，对作者和成书背景做概括介绍，重点说明如何以实践为中心读这本书。

再者，在注释和白话翻译时尽量站在读者的立场，思考可能发生的遮蔽和误解，加以解释和引导。

第三，本丛书在形式上有一个新颖之处，即在每个段落或章节下增设"实践要点"环节，它的作用有三：一是说明段落或章节的主旨。尽量避免读者仅作知识性的理解，引导读者往生活实践方面体会和领悟。

二是进一步扫除遮蔽和误解，防止偏差。观念上的遮蔽和误解，往往先入为主比较顽固，仅仅靠"简注"和"译文"还是容易被忽略，或许读者因此又产生了新的疑惑，需要进一步解释和消除。比如，对于家训中的主要内容——忠孝——现代人往往从"权利平等"的角度出发，想当然地认为提倡忠孝就是等级压迫。从经典的本义来说，忠、孝在各自的语境中都包含一对关系，即君臣关系（可以涵盖上下级关系），父子关系；并且对关系的双方都有要求，孔子说"君君、臣臣，父父、子子"，是说君要有君的样子，臣要有臣的样子，父要有父的样子，子要有子的样子，对双方都有要求，而不是仅仅对臣和子有要求。更重要的是，这个要求是"反求诸己"的，就是各自要求自己，而不是要求对方，比如做君主的应该时时反观内省是不是做到了仁（爱民），做大臣的反观内省是不是做到了忠；做父亲的反观内省是不是做到了慈，做儿子的反观内省是不是做到了孝。（《礼记·礼运》："何谓人义？父慈、子孝，兄良、弟悌，夫义、妇听，长惠、幼顺，君仁、臣忠。"）如果只是要求对方做到，自己却不做，就完全背离了本义。如果我们不了解"一对关系"和"自我要求"这两点，就会发生误解。

再比如古人讲"夫妇有别"，现代人很容易理解成男女不平等。这里的"别"，是从男女的生理、心理差别出发，进而在社会分工和责任承担方面有所区别。不是从权利的角度说，更不是人格的不平等。古人以乾坤二卦象征男女，乾卦的特质是刚健有为，坤卦的特征是宁顺贞静，乾德主动，坤德顺乾德而动；二者又是互补的关系，乾坤和谐，天地交感，才能生成万物。对应到夫妇关系上，做丈夫需要有担当精神，把握方向，但须动之以义，做出符合正义、顺应道理的选择，这样妻子才能顺之而动（"夫义妇听"），如果丈夫行为不合正义，怎能要求妻子盲目顺从呢？同时，坤德不仅仅是柔顺，还有"直方"的特点（《易经·坤·象》："六二之动，直以方也"），做妻子也有正直端方、勇于承担的一面。在传统家庭中，如果丈夫比较昏暗懦弱，妻子或母亲往往默默支撑起整个家庭。总之，夫妇有别，也需要把握住"一对关系"和"自我要求"两个要点来理解。

除了以上所说首先需要理解经典的本义，把握传统文化的根本精神，同时也需要看到，经典和文化的本义在具体的历史环境中可能发生偏离甚至扭曲。当一种文化或价值观转化为社会规范或民俗习惯，如果这期间缺少文化精英的引领和示范作用，社会规范和道德话语权很容易被权力所掌控，这时往往表现为，在一对关系中，强势的一方对自己缺少约束，而是单方面要求另一方，这时就背离了经典和文化本义，相应的历史阶段就进入了文化衰敝期。比如在清末，文化精神衰落，礼教丧失了其内在的精神（孔子的感叹"礼云礼云，玉帛云乎哉？乐云乐云，钟鼓云乎哉？"就是强调礼乐有其内在的精神，这个才是根本），成为了僵化和束缚人性的东西。五四时期的很大一部分人正是看到这种情况（比如鲁迅说"吃人的礼教"），而站到了批判传统的立场上。要知道，五四所批判的现象正是传统文化精神衰敝的结果，而非传统文化精神的正常表现；当代人如果不了解这一点，只是沿袭前代人一些有具体语境的话语，其结果必然是道听途说、以讹传讹。而我们现在要做的，首先是正本清源，了解经典的本义和文化的基本精神，在此基础上学习和运用其实践方法。

三是提示家训中的道理和方法如何在现代生活实践中应用。其中关键的地方是，由于古今社会条件发生了变化，如何在现代生活中保持家训的精神和原则，而在具体运用时加以调适。一个突出的例子是女子的自我修养，即所谓"女德"，随着一些有争议的社会事件的出现，现在这个词有点被污名化了。前面讲到，传统的道德讲究"反求诸己"，女德本来也是女子对道德修养的自我要求，并且与男子一方的自我要求（不妨称为"男德"）相配合，而不应是社会（或男方）强加给女子的束缚。在家训的解读时，首先需要依据上述经典和文化本义，对内容加以分析，如果家训本身存在僵化和偏差，应该予以辨明。其次随着社会环境的变化，具体实践的方式方法也会发生变化。比如现代女子走出家庭，大多数女性与男性一样承担社会职业，那么再完全照搬原来针对限于家庭角色的女子设置的条目，就不太适用了。具体如何调适，涉及具体内容时会有相应的解说和建议，但基本原则与"男德"是一样的，即把握"女德"和"女礼"的精神，调适德的运用和礼的条目。此即古人一面说"天不变道亦不变"（董仲舒语），一面说礼应该随时"损益"（见《论语·为政》）的意思。当然，如何调适的问题比较重大，"实践要点"中也只能提出编注者的个人意见，或者提供一个思路供读者参考。

综上所述，丛书的全部体例设置都围绕"实践"，有总括介绍、有具体分析，反复致意，不厌其详，其目的端在于针对根深蒂固的"现代习惯"，不断提醒，回到经典的本义和中华文化的根本。基于此，丛书的编写或可看做是文化复兴过程中，返本开新的一个具体实验。

四、因缘时节

"人能弘道，非道弘人。"当此文化复兴由表及里之际，急需勇于担当、解行相应的仁人志士；传统文化的普及传播，更是迫切需要一批深入经典、有真实体验又肯踏实做基础工作的人。丛书的启动，需要找到符合上述条件的编撰者，我深知实非易事。首先想到的是陈椰博士，陈博士生长于宗族祠堂多有保留、古风犹存的潮汕地区，对明清儒学深入民间、淳化乡里的效验有亲切的体会；令我喜出望外的是，陈博士不但立即答应选编一本《王阳明家训》，还推荐了好几位同道。通过随后成立的这个写作团队，我了解到在中山大学哲学博士（在读的和已毕业的）中间，有一拨有志于传统修身之学的朋友，我想，这和中山大学的学习氛围有关——五六年前，当时独学而少友的我惊喜地发现，中大有几位深入修身之学的前辈老师已默默耕耘多年，这在全国高校中是少见的，没想到这么快就有一批年轻的学人成长起来了。

郭海鹰博士负责搜集了家训名著名篇的全部书目，我与陈、郭等博士一起商量编选办法，决定以三种形式组成"中华家训导读译注丛书"：一、历史上已有成书的家训名著，如《颜氏家训》《温公家范》；二、在前人原有成书的基础上增补而成为更完善的版本，如《曾国藩家训》《吕留良家训》；三、新编家训，择取有重大影响的名家大儒家训类文章选编成书，如《王阳明家训》《王心斋家训》；四、历史上著名的单篇家训另外汇编成一册，名为《历代家训名篇》。考虑到丛书选目中有两种女德方面的名著，特别邀请了广州城市职业学院教授、国学院院长宋婕老师加盟，宋老师同样是中山大学哲学博士出身，学养深厚且长期从事传统文化的教育和弘扬。在丛书编撰的中期，又有从商界急流勇退、投身民间国学教育多年的邵逝夫先生，精研明清家训家风和浙西地方文化的张天杰博士的加盟，张博士及其友朋团队不仅补了《曾国藩家训》的缺，还带来了另外四种明清家训；至此丛书全部 13 册的内容和编撰者全部落实。丛书不仅顺利获得上海古籍出版社的选题立项，且有幸列入"十三五"国家重点图书出版规划增补项目，并获上海市促进文化创意产业发展财政扶持资金（成果资助类项目—新闻出版）资助。

由于全体编撰者的和合发心，感召到诸多师友的鼎力相助，获致多方善缘的积极促成，"中华家训导读译注丛书"得以顺利出版。

这套丛书只是我们顺应历史要求的一点尝试，编写团队勉力为之，但因为自身修养和能力所限，丛书能够在多大程度上实现当初的设想，于我心有惴惴焉。目前能做到的，只是自尽其心，把编撰和出版当做是自我学习的机会，一面希冀这套书给读者朋友提供一点帮助，能够使更多的人亲近传统文化，一面祈愿借助这个平台，与更多的同道建立联系，切磋交流，为更符合时代要求的贤才和著作的出现，做一颗铺路石。

刘海滨

2019 年 8 月 30 日，己亥年八月初一

导读：王阳明的门风与家教

　　1483 年，年仅 11 岁的王阳明在私塾里问了老师一个问题："何谓第一等事？"意思是问，人生的终级追求是什么？老师起初有些迟疑，随后肯定地回答："当然是读书做官啊！"王阳明却严肃地否定了老师的答案："我认为并非如此。我以为第一等事应是读书做圣贤。"后面的事情，我们都知道了，有一种通行的说法，说中国历史上有"两个半圣人"，其中一个正是王阳明。

　　王阳明（1472—1529），浙江余姚（今属宁波市）人，名守仁，字伯安，因曾筑室修道于会稽山阳明洞，自号阳明子，世称阳明先生。明代弘治十二年（1499 年）进士，历任刑部主事、贵州龙场驿丞、庐陵知县、右金都御史、南赣巡抚、两广总督等职，晚年官至南京兵部尚书、都察院左都御史兼两广巡抚。他长年在江西、福建、两广地区戡乱剿匪，军功显赫，因平定江西宁王朱宸濠之乱而被封为新建伯，隆庆年间追赠新建侯，谥文成，故又称王文成公。《明史》评价说："终明之世，文臣用兵制胜，未有如守仁者也。"万历年间，经过多方努力，阳明得以从祀孔庙，奉祀孔庙东庑第五十八位。

王阳明可谓一代儒宗。他提倡"心外无理"、"知行合一"，开创出以"致良知"为宗旨的儒学流派，后世称为"王学"或"阳明学"，又将之与南宋陆九渊之学并称为"陆王心学"，与"程（程颢、程颐）朱（朱熹）理学"对应，同属于宋明儒学中的两大流派。阳明自身的人格境界、事功上的成就，加上直指人心、简截明快的修学风格，让他的学说在明代中后期迅速风靡全国，门人后学代有传承，一般按地域划分，形成浙中王门、江右王门、南中王门、北方王门、楚中王门、闽粤王门、泰州王门等流派，后来还传到朝鲜、日本，对东亚各国产生了巨大的影响。可以说，王阳明是中国历史上做到立功、立德、立言"三不朽"的旷世大儒。

一、积德累仁：余姚王氏门风

王阳明曾这样追述自己家世："吾宗江左以来，世不乏贤。自吾祖竹轩府君以上，凡积德累仁者数世，而始发于吾父龙山先生。"（《易直先生墓志》）意思是说，他家族经过几代人的积累，到了他父亲龙山公才开始发迹。而对他产生影响的先祖，可一直追溯到六世祖王纲。

王纲，字性常，又字德常。洪武四年（1371），年已70岁的王纲以文学出众被征召至京，朱元璋策问治道，颇受欣赏，拜兵部郎中。不久，广东潮州民众暴动，刘伯温推荐他为广东参议，命其督管军粮，前往平乱，带长子王彦达同行，成功劝谕乱民归降。孰知回至广州附近的增城途中，父子不幸被海寇劫持。海寇头目曹真见他文武全才，欲招入麾下，面对威逼利诱，王纲誓死不从，遂被杀害。王彦达时年16岁，见父遇害，痛不欲生，哭骂求死。曹真说："父忠而子孝，杀之不祥。"便给予食物，彦达不吃，海寇为其诚孝感动，准许他用羊皮缝合包裹其父尸体，归葬家乡余姚禾山。洪武二十四年（1391），朝廷颁令在增城建立王纲庙以奉祀。王阳明对这位死于国事的先祖念念不忘，在临终前几个月驻守岭南的时候，特意批示增城县令建忠孝祠，祭祀王纲、王彦达父子。忠孝祠建成之后，他还抱病亲至增城致祭，缅念祖德。

王纲的长子王彦达即阳明的五世祖，因父亲死得惨烈，虽然朝廷多次举荐为官，但他终身不应诏，隐居乡间，粗衣淡食，躬耕养母。王彦达以先世遗书教育儿子王与准，对其无科举仕进的要求，只希望子弟能维系家族声望。王与准闭门苦读，在当地颇有名声，很多年轻后进慕名来求学，都被他谦虚婉拒。他还善于卜卦，屡有奇验，惊动了县令衙门。县令一而再，再而三，乃至一日之中多次遣人来邀其占卜，他厌烦侍奉这些官家达贵，当着县令的面焚烧了占卜用书和工具，说："王与准不能为术士，终日奔走于公门，为你们这些官老爷谈论祸福。"为避免官府怀恨报复，他干脆逃入四明山石室隐居了一年多。后来朝廷下令寻访民间隐逸之士出仕，还扣押了他儿子质问、搜寻其下落，他逃往深山，中途不慎坠崖，伤势颇重，遂被差役发现，带出山区。朝廷使者见他伤势虽重，但相貌言谈耿直坦荡，又了解了他逃避官府的隐情后，立刻释放了他的家人，并认为他的次子王杰人品不错，说以儿子代替出仕才能免罪，王与准无奈之下只能让次子补县学弟子员。王杰即王阳明的曾祖父，自幼有志于圣贤之学，十四岁遍读四书五经及宋代大儒的书，谨守孝悌门风，言行一以古圣贤为法。王阳明身上的豪逸洒落气质，有这几代先祖的遗风。

阳明的祖父王伦，字天叙，幼承庭训，熟读《仪礼》《左传》《史记》，学有所成后备受浙东浙西的大家豪族的青睐，争相延聘为家庭教师。他生性喜爱竹子，凡所居之处必有竹林，整天徜徉其中吟啸弹琴，把竹子当作直谅多闻的好友，颇有魏晋名士风度，被人称为"竹轩先生"。王伦淡泊名利，安贫乐道，儿子王华后来高中状元，请求朝廷将自己的俸禄分给父亲，而王伦总拿出一半用来照顾同族子弟。王阳明自幼父亲在外地任职，十三岁丧母，长年跟随祖父祖母生活，直到十九岁祖父才去世，深受祖父潜移默化的熏陶，特别是音乐素养方面，日后阳明教弟子也注重歌乐，被贬谪到龙场时还教人调曲唱歌，排遣忧愁苦闷。王伦非常疼爱阳明，也知道他日后必大有作为，经常回护孙子，每当儿子王华担心阳明性格过于豪迈不羁时，总不以为意。

王氏家族实现由寒儒到贵族的转型，始于阳明的父亲王华。王华字德辉，号实庵，晚年号海日翁，因常读书于家乡龙泉山，学者称龙山先生。他于成化十七年（1481）考中状元，授翰林院修撰。弘治元年参与修《宪宗实录》，还充当经筵讲官，给皇帝上课。王华开讲时，"音吐明畅，词多切直，每以勤圣学，戒逸豫，亲仁贤，远邪佞"规劝孝宗皇帝。后来又升为翰林院学士，参与编《大明会典》《通鉴纂要》等书。正德元年，宦官刘瑾擅权，王阳明时为兵部主事，上疏得罪刘瑾，父亲王华受到牵连，出为南京吏部尚书，不久即被勒令致仕，回乡以读书自娱，直到刘瑾伏罪，才官复原职。

王华为人仁恕坦直，平生没有矫言伪行，对人无分尊卑贵贱，平等相待。见人有善举，就称不绝口；对别人的过恶，也直言规劝；有急难来相求的，则极力救济。天性至孝，对父母的赡养无所不周。母亲岑老夫人百岁高龄时，王华亦年逾七十，却朝夕如童子侍奉左右，未尝懈怠。老母去世，王华以高年犹尽礼守孝，寝苫蔬食，哀毁逾节。母亲出殡下葬之日，他跣足随号，行数十里，以致染疾，卧床逾年。王华这些高行，获得世人的一致好评，对王阳明的影响尤为直接。

据说王阳明儿时曾一度沉迷象棋，王华一怒之下干脆将棋盘棋子都扔到河里，阳明写了一首童趣盎然的《哭象棋》诗，来表达"哀悼"：

> 象棋在手乐悠悠，苦被严亲一旦丢。
> 兵卒堕河皆不救，将军溺水一齐休。
> 马行千里随波去，士入三川逐浪流。
> 炮响一声天地震，象若心头为人揪。

王华供职京师时，携11岁的王阳明同往。年少轻狂的阳明又迷上行兵打仗，一心想着驰骋江山，建功立业，经常遭到王华的严厉斥责。弘治三年（1490），竹轩公去世，王华回乡守孝，又命从弟干鼂、王阶及妹婿一起为王阳明讲析经义，规劝阳明好好准备科举，将来出仕从政，才可能实现为万世开太平的抱负。王华的多番教诲，逐步磨平儿子身上的狂妄与叛逆。

在后来险象环生的宦海生涯中，每到关键时刻，王阳明也总离不开父亲睿智的激励与启导。当他得罪刘瑾遭贬贵州龙场时，曾犹豫是否赴任，正是父亲劝他坚定信念走上这条荒远的放逐之路，才有了中国思想史上著名的"龙场悟道"。当他起兵与叛乱的宁王朱宸濠斗争时，实力悬殊，形势危急，有人劝在绍兴养老的王华离城避难，王华却笃定地说："吾儿能弃家杀贼，吾乃独先去以为民望乎？祖宗德泽在天下，必不使残贼覆乱宗国，行见其败也。"他坚信胜利站在正义的一边，愿与儿子同生死，共进退，强大的精神后盾促成了王阳明一生最大的功业。平乱成功后，王阳明被赐封新建伯，族中乡里，人人庆贺。这个时候，王华又告诫儿子："盛者衰之始，福者祸之基，虽以为荣，复以为惧也。夫知足不辱，知止不殆，吾老矣，得父子相保于牖下，孰与犯盈满之戒，覆成功而毁令名者邪？"就是劝王阳明，当人人都来恭贺你的时候不能沾沾自喜，要懂得祸福相依、知止戒骄之道。王华弥留之际，朝廷封赠祖先的诰命刚好到了家门口，他还强打起精神告诫子弟："虽仓遽，乌可以废礼？"敦促阳明赶紧依照礼仪去迎接使臣，自己苦撑到仪礼结束，才瞑目而逝。

作为家中长子，王阳明有三个弟弟，名为守俭、守文、守章；还有同祖兄弟五人：伯父之子名守义、守智；叔父之子名守礼、守信、守恭。从这些名字可看出王氏家族期望以儒学名世。王阳明就是在这一儒士门风中成长的，原生家庭的亲情体验使他后来对"孝"更有一番深刻的领会。他曾经痴迷于禅、仙之道，在家乡附近的阳明洞中"行导引术"，"已而静久，思离世远去，惟祖母岑与龙山公在念。久之，又忽怡曰：'此念生于孩提。此念可去，是断灭种性矣。'"正是对祖母、父亲的一念孝思，促使他弃禅归儒的思想转变，终身以儒家立场自居。

忠烈气节、豪逸洒落、事亲尽孝、处世至诚，是余姚王氏几代先人遗传下来的精神基因，也就是他所说的"积德累仁"。

二、王阳明的家教观、实践与成效

继踵父辈的荣光，王家在王阳明手里又再创造了一个无法逾越的高峰，尤其是于正德十六年（1521）他五十岁这一年，获封"新建伯"，可谓空前辉煌。但面对封爵赐禄，府邸田产，王阳明却有难言之隐。他长期在外任职，戎马倥偬，多年来膝下无子，自身体弱多病，家族中更有不少品行顽劣的成员，如何维系偌大的门第家声？自始至终是他所忧思的现实问题。

阳明深信："古人所有教其子者，不外于身心性情之德、人伦日用之常。"（《杨琠庭训录序》）故此，他能做到的就是言传身教，居家躬行慈孝，外任则通过书信反复督导、训诫子弟以追求圣贤之学为首务，勤勉读书，磨砺人格，在日用伦常中去"致良知"。他颇倚重族叔克彰太叔，多番致信嘱咐他严管家众，晚年离开家乡南征广西时，更把家事托付给学生魏廷豹。关于子嗣问题，则在他44岁时将堂弟王守信的第五个儿子王正宪过继到自己名下，由王畿、钱德洪这两位忠心耿耿的高足来担任家庭教师。嘉靖五年（1526），归乡调养五年多的阳明终于喜得贵子，取名正聪（后改名正亿），那一年他已经55岁了。

在给亲族子弟的书信里，王阳明有诚挚的关切、严肃的教诲，也有深重的忧虑，还常常带着自责，都凝聚着他家庭教育的一番思考，基本都是围绕"良知"来指导家人加强道德修养，视家人为同道，热切地盼望他们能继承家学，以家庭为基点，加入到"良知"的信仰共同体中。可以说，他的家教观是他"致良知"学说在家庭伦理教育上的运用。他在家书中告诫儿子：

　　"吾平生讲学，只是'致良知'三字。仁，人心也；良知之诚爱恻恒处，便是仁，无诚爱恻恒之心，亦无良知可致矣。汝于此处，宜加猛省。"（《寄正宪男手墨》）

如何在家庭中去培养德性、推扩良知？具体说来有以下几点：

1. 立志做圣贤。人的志向如大海航标，是人生修养的根本，王阳明说："夫学，莫先于立志。志之不立，犹不种其根而徒事培拥灌溉，劳苦无成矣。"（《示弟立志说》）立什么志呢？成圣贤。如开篇所说，王阳明自幼就立下了做圣贤志向，这也是宋明理学家的共同人生理想。立志做圣贤，就应该以孔子、孟子、周敦颐、程颢这些大儒为榜样，在家庭、社会生活中对自己提出更高的期许与要求，他这样教诲侄子王正思等人要"以仁礼存心，以孝弟为本，以圣贤自期，务在光前裕后"（《赣州书示四侄正思等》）。立志要趁早，因为"人方少时，精神意气既足鼓舞，而身家之累尚未切心，故用力颇易"（《寄诸弟》）。人随着年龄渐长，受到习气的熏染就越深重，特别是来自世俗声色功利的压力与诱惑，他告诫妹婿徐爱要坚定志向，"毋为习俗所移，毋为物诱所引；求古圣贤而师法之"（《与徐仲仁》）。当得知弟弟王守文贪色纵欲而身心孱弱，他痛心地责问："弟既有志圣贤之学，惩忿窒欲，是工夫最紧要处。若世俗一种纵欲忘生之事，已应弟所决不为矣，何乃亦至于此?（《与弟伯显札》）

从事圣贤修养的事业叫"德业"，与科举求俸禄的"举业"相比，对于人生有着更根本的意义，但德业、举业并不对立，而是"二业合一"。德业有成，则举业可以事半功倍，用王阳明的比喻说，是"打蛇得七寸"，因此他反复强调要有志于德业，不应以举业为重，对愿意科举的亲人他会鼓励、指导，比如徐爱，他就详尽地传授应试经验，而当得知侄儿学业有进步，他会"喜之不寐"。而像儿子王正宪这样不是当官的料，他"一切举业功名等事皆非所望，但惟教之以孝弟而已"，知道正宪"立志向上，则亦有足喜也"。总之，现实人生的追求必须由道德理想志向来统摄。

2. 勇于改过。从儒家性善论出发，王阳明坚信人的本心（良知）是圆满无缺的，意念与行为的过失都是由于后天习染而起，即便有过错，本心仍是明明白白的，有自我审查、纠错的能力，可以一念自反，当下觉察到过错，回归到本心的昭明状态。他在家训中说："本心之明，皎如白日，无有有过而不自知者，但患不能改耳。一念改过，当时即得本心。人孰无过？改之为贵。"人能时时戒慎恐惧，不断觉察到自己身上的毛病，勇于克治，才能持续进步，哪怕是圣贤，也是如此："古之圣贤，时时自见己过而改之，是以能无过，非其心果与人异也。"（《寄诸弟》）

在生命的诸多过失中，王阳明认为骄傲是根源，也是人最容易犯的大毛病。他告诫儿子："今人病痛，大段只是傲。千罪百恶，皆从傲上来。傲则自高自是，不肯屈于人。故为子而傲，必不能孝；为弟而傲，必不能弟；为臣而傲，必不能忠。"所以他劝勉子弟戒惩骄躁，以谦卑持身处世，"常见自己不是，真能虚己受人。"（《书正宪扇》）"谦"对于"官二代"子弟来说，确是对症之药。

3. 亲师取友。王阳明固然强调本心自觉、立志之于成圣贤的重要性，但同时也意识到"独学"带来的孤陋弊端，故此他反复申明立志须与亲近"先知先觉"的师友结合在一起。他告诫弟弟们要多向先觉者就正取益，"当专心致志，惟先觉之为听。言有不合，不得弃置，必从而思之；思之不得，又从而辨之，务求了释，不敢辄生疑惑"（《示弟立志说》）。这种既坚持探索真理又尊重师长的态度，情理兼顾，无疑是正确的求学心态。他晚年离乡赴任时还特地写了《客座私祝》提醒来访伯府的客人，也训诫子弟要慎重交游，警惕那些居心叵测、诱人邪僻的损友，多团结"温恭直谅"的同道君子,"德业相劝,过失相规",齐心营造良好的家庭学习氛围。

4. 严治家政。随着家族声势壮大,门墙内外的桀骜不驯者、无所事事者、趋炎附势者、勾心斗角者也日益增加,这让王阳明越发感到不安,"念及家事,亦有许多不满人意处",甚至怒斥这些不肖族人乃"操戈入室,助仇为寇者也,可恨可痛!"他对亲信的品性都仔细观察过,还点名批评过几个人:弟弟王守度"奢淫如旧""颇不遵信",经常抵牾总管魏廷豹;仆人宝一贪图小利,宝三"长恶不悛",来贵"奸猾,略无改过",添服、添定、王三"只是终日营营,不知为谁经理"。

他期待每个家族成员都守住自己的本分,看好家门,低调做人,所谓"家中凡百安心,不宜为人摇惑,但当严缉家众,扫除门庭,清静俭朴以自守,谦虚卑下以待人。尽其在我而已,此外无庸虑也。"(《又与克彰太叔》)

于是他一再叮嘱家众遵从他颁布的告示训令,服从管家的管束,"内外之防,须严门禁。一应宾客来往,及诸童仆出入,悉依所留告示,不得少有更改","尤戒饮博,专心理家事","不得听人诱哄,有所改动","但家众或有桀骜不驯不肯遵奉其约束者,汝须相与痛加惩治"(《寄正宪男手墨二卷》)。

遗憾的是事与愿违,王阳明没能在有生之年解决家人不争气的问题,他的苦心并没有得到应有的回报。嘉靖八年(1528),在广西完成平叛任务的他自觉病重,苦等不到朝廷的批复就仓促返乡,半途病逝于江西客舟上,享年57岁,留下孤儿寡母及大片家业。在外侮内衅侵逼之下,家族很快就式微了。外侮包括来自朝廷政敌的打压，诋毁他的学说是伪学，以擅自离职的罪名剥夺了"新建伯"爵位及恩荫恤典，而悍宗豪仆、宗族子弟、家众童僮等也趁机内讧，为非作歹，用阳明弟子黄绾的话说是"家事甚狼狈"。于是以黄绾、王畿、钱德洪、王艮、薛侃为首的一帮弟子就介入王家事务，承担起"保孤安寡"的工作。他们的做法是让已经19岁的继子王正宪管理家务，嗣子王正亿才2岁，好好抚养成人，日后倘若爵位恢复，由正亿继承，王家其他成员扶植孤寡。先"严内外"，把豪仆恶少清除出门，再"分爨食"，让正宪、正亿兄弟俩分立门户，重在保孤安寡，轻财产分配。这些行动，从礼法情理都是名正言顺的，但也难免造成正宪、正亿兄弟两人"离仳窜逐、荡析厥居"的局面，各自走向独立的成长之路。

王正宪生性不聪明，阳明说他"读书极拙"，14岁时因父亲军功世袭锦衣卫副千户，但他还是颇有自立自强的志向，后来知道弟弟出生，主动放弃荫袭，辞职出就科试，可见他不愿靠着上一代人养尊处优，也可见他没有忘记父亲的谆谆教诲。朱宸濠之乱时，养母诸氏带着他随阳明转战江西，为摆脱追兵，诸氏以手提剑劝阳明先走："公速去，毋为妾母子忧。脱有急，吾恃此以自卫尔！"钱德洪曾感叹此事："吾师于君臣、父子、夫妇之间，一家感遇若此，至今人传忠义凛凛。"

王正亿自幼被黄绾带离家乡到南京抚养成人，与黄家次女黄姆结为娃娃亲，在正亿的教育培养上，王畿出力最多，视如己出，情同父子，常带在身边参加王门讲会。虽然正亿和正宪一样才学较为平庸，没有很好地传承家学，也没有显赫的功业事迹，但不失操守，并且在保护王阳明遗稿和王家史料方面有过贡献。嘉靖三十一年（1552）海盗火烧黄岩城，正亿没有携带其他东西，仅仅抱着父亲的木主神位、图像和手稿仓皇逃亡，此事博得王门弟子的称赞。后来在他43岁时依照朝廷恢复的恩典，承袭了伯爵之位。

虽然由于各种原因，王氏家族后继乏力，没有再出现彪炳史册的人物，但像王阳明这样的大哲所传递的家教理念，并不局限于一己门户，而是随着他一生的教学活动而启导了许多门人、追随者，被运用到各自的子女教育、家族建设里，融入浩浩荡荡的庶民教化运动中，"随风潜入夜，润物细无声"，滋养了千家万户，内化为中华民族的家庭教育文化传统的基因。从王阳明遗留下来的书信中，我们依然能感受到他家教观念鲜活的生命力，这也是今日我们重读阳明家训的意义所在。

三、阳明学派的乡族教化及现代启示

王阳明从34岁开始授徒，在此后23年时间里讲学不辍，倡扬良知之教，四方学子翕然追从，风动天下，逐步形成地域化的阳明后学群体，其中不乏世家大族。宗族领袖们带动家庭成员皈依王门，同门之间通过联姻结成良知信仰共同体，以家庭为道场，将家族建设视为印证圣贤之学的途径，传承师说，化民成俗，把阳明学从个人修习延展到家族、地方社会，努力践行儒家修身、齐家、治国、平天下的古训。这些大家族的崛起与文教传承，离不开阳明心学的沾溉。

比如江西吉安的邹氏家族，崛起于明代中期，从弘治到万历年间，

历经邹贤、邹守益、邹善、邹德涵、邹德溥、邹德泳，一门四代六进士，在学术事业、家族事务、地方工作上都有家族延续性，对当地的贡献巨大。这个家族的主心骨是王阳明的高足邹守益（1492—1562），官至南京国子监祭酒，但为官时间不长，大部分时间乡居故里，带领同门、子弟创办了惜阴会、复古书院、青原会、东山会等讲会，每月聚会，人数少则上百，多则上千，带动了整个周边地区的学术活动，邹氏家族主盟的一些讲会持续了六十年之久。邹氏还联合其他有阳明学背景的宗族如刘氏家族，参与土地丈量，为民请命，减轻地方赋税负担，发动乡民互助救济，在当地享有崇高的声望。

再如江苏泰州的王氏家族，领袖人物王艮（1483—1541），世代为安丰盐场的盐丁，出身卑贱，但家族在他手里有了转机。他善于经营，好学不倦，38岁时拜入王阳明门下，提倡"百姓日用即道"的平民哲学，开创了"泰州学派"，并由其族弟王栋及其子王襞传承光大，时人谓王艮、王栋、王襞为"淮南王氏三贤"。史载，他治家"总理严密，门庭肃然，子弟于宾客不整容不敢见"。王襞这样形容他父亲的风度："天地以大其量，山岳以耸其志，冰霜以严其操，春阳以和其容，此吾人进道之法象也。"可见其家风之严明峻朗。王艮的追慕者大多是樵夫瓦匠一类的平民，多授以"孝悌慈"的家庭伦理，学者称赞他"化民成俗之功，不在阳明之下"。

又如广东潮州揭阳的薛氏家族，以薛侃（1486—1546）为首，兄弟叔侄都拜阳明为师，带头率领族人建家庙、增祭田、立族训，"居官则思益其民，居乡亦思益其乡"，倡行乡约训导乡民，开渠、筑堤、造桥，对地方社会贡献巨大，至今还保留不少遗迹，薛氏也还延续着祠祭、修谱、宴会、社庆等宗族活动。

这些在齐家实践上成效卓著的阳明学家族，留给后人不少有益的启示。首先是在家庭教育主旨上，发扬了心学注重"自力"的信念，即充分肯定人的自我实现、自我完善的能力，赋予人自尊、自信、自强、自立的能动性，将自家生命全幅交付给本心——良知做主。"致良知"不是着眼于我应该怎样符合社会伦理规范，而是我应该成为什么样的人，它旨在德性人格的培育、人之整体生命状态的提升。阳明心学强调人要趁早"立志成圣贤"，而且肯认每个人都是潜在的圣贤——所谓"满街都是圣贤"，用今天的话说就属于"正面管教"，多鼓励，少责骂，鼓励心怀一种救世淑人的使命感，在平常的家庭生活、社会实践中培养德性善行，成长为一个人格卓越的"英雄"，这在现代心理学也可得到呼应。以"斯坦福监狱实验"来探索环境对人性善恶的改造而闻名于世的斯坦福大学终身教授、社会心理学家菲利普·津巴多（1933—　），近年致力于推动"英雄想象计划"公益项目，宣扬的主旨即是每个人都成为英雄，不是壮烈的战争英雄，而是每一天为别人做一些小事的"每日英雄"，特别是让孩子从小就种下"英雄主义"的种子，相信自己就是那个万众期待的英雄，只要有需要，就会勇于行英雄之事，这样才能让家庭更和谐、学校更完善、社区更宜人，消除环境对人性的不良影响。这种根植于日常平凡的"英雄主义心理学"（Psychology of heroism），与阳明心学的教育目标可以互相发明。

其次是注重助缘，即重视良师益友的外力作用及榜样力量，其最有效机制就是组织讲会，建立书院，带着子弟例行聚会讲习，参与公共政务，让世代接续传承家学，这也颇类似今日许多有志于教育实践的小家庭结成的民间互助团体，共享着某种相同或接近的教育理念，众筹集资成立基金，形成团队合作，尽可能地盘活、优化社区族群的教育资源。在这个过程中所形成的师长榜样对后代的影响是无与伦比的，如二十世纪伟大的人道主义者、有"非洲圣人"之誉的史怀哲（1875—1965）所说："好榜样不是影响别人的主要因素，乃是唯一的因素。"

再次是教育的方法，特别是儿童教育中倡导歌诗习礼。王阳明强调要尊重、顺应儿童性情而加以诱导教化，以歌诗、习礼来塑造身心，以达到发扬天性善心，使生意畅达、自然和乐的效果。正德十三年（1518），他在平定南赣四省边境之乱后，兴立社学，教化民风，撰写并颁布《训蒙大意示教读刘伯颂等》，指导社学蒙师如何开展童蒙教育。文中提出的"栽培涵养之方"就是"诱之歌诗以发其志意，导之习礼以肃其威仪，讽之读书以开其知觉"。在平常的讲会中，阳明也经常与弟子歌诗咏志，营造一种师生融洽的教学氛围。王艮的儿子王襞（东厓）九岁时跟随父亲参加阳明的讲会，"士大夫会者千人。阳明命童子歌，多嗫嚅不能应，东厓意气恬如，歌声若金石"。当阳明得知是王艮的儿子后，惊诧地感叹："吾固知越中无此儿也。"王艮去世后，王襞继承家学，各地纷纷争聘他去主持讲会，每次归乡，"随村落大小扁舟往来，歌声与林樾相激发，闻者以为舞雩之风复出"。从这种动人的场景中我们可想见歌诗导化人心的效果，这与法国卢梭以降的"自然主义"教育理念有契合之处。

最后是团结与包容的风气。阳明身后，其学说能够迅速流播，与他生前所促成的团结、包容风气相关。尽管弟子各自的为学主张、教学风格不同，但彼此之间经常"易子而教"，转益多师，求同存异。如王艮的长子土衣就受教于江右王门的魏良政，次子王襞师事浙中王门的王畿、钱德洪。三子王褆师事王畿。对于被正统儒者视为"异端"的佛教、道教，也多持有包容态度。阳明本人就有修习道教功法的经验，王畿、王艮这"二王"的教法更被时人视为是禅宗，他们都能本着儒家的基本立场，以身心受用为原则，大胆吸纳佛道二教的生命智慧为己所用，成一家之言。在家庭生活中，很多妇辈都信奉佛教，得到他们的肯定。像泰州学派的罗汝芳（1515—1588），据他自述，其幼年的启蒙师即是母亲，教他《小学》《孝经》《论语》《孟子》，罗母晚年"日惟瞑目静坐"，达到"性地圆彻""此际此心空空洞洞"的证悟体验，她临终前自知归期，妥当安排后事，坦然地端坐而逝，这样的行谊颇契合阳明学主张人要自身面对生存、超越生死的期许，让罗汝芳非常敬服。而王畿的夫人张氏则虔信佛教，日常诵经祝祷，还与王畿探讨佛学与阳明学之异同，夫妇俩更像是志同道合的学侣。像这样多元信仰并存的家庭在当时士大夫阶层中应该是普遍的现象，对于今日处在国际化、多元化时代的现代人来说，特别是在如何处理家庭观念冲突、做好家庭团体建设等问题上，也是很好的示范。

四、本书说明

家训，又称庭训、庭诰、家戒、家范、家法。根据林庆《家训的起源和功能》一文的定义，家训主要指古代父祖辈对子孙、家长对家人、族长对族人的训示教诲，此外也有夫妻间的嘱托、兄弟姐妹间的诫勉。

清代学者王三聘在《古今事物考》中曾把北齐颜之推的《颜氏家训》视为我国家训之祖。这一论断在当代已遭到不少研究者的驳斥修正。事实上，家训在我国可能已经有三千多年历史，在先秦典籍如《尚书》《诗经》《论语》等书中，均可找到不少训诫子弟，处理家庭问题的材料。到了两汉时期，更是有汉高祖刘邦《手敕太子书》、刘向《戒子益恩书》、蔡邕《女训》、匡衡《论正家疏》等专门的家训之作。这些篇章均不以"家训"命名，但内容实质已与家训一致。当然，最终确定家训作为一种专门著述门类地位的还是《颜氏家训》。《颜氏家训》以其丰富的内容、完整的体系、日常平易的文笔，为之后的家训创作树立了典范。宋代之后，随着新的宗族组织的普遍建立，中国家训的发展迎来高峰，我们今天所熟知的家训名作，如司马光《温公家范》、陆游《放翁家训》、叶梦得《石林家训》、袁采《袁氏世范》、朱熹《训子帖》，孙奇逢《孝友堂家训》、张履祥《训子语》、张英《聪训斋语》、曾国藩《家书》，均出自宋代以下的名人，尤其是理学家之手。

梳理家训源流发展可以发现，中国传统的家训从来不是某种固定的、有明显形态特征的文体。无论是诗词歌赋还是训诫杂言，只要以训诫子弟为文章的内容主体，均可称之为家训。刘欣《论宋代家训的文体表现》系统梳理了古代常被用来作为家训的文体，除诗歌之外，共得十三种，它们分别是：铭、诰、约、箴、规、戒、训、说、书、序、题跋、记、杂言。由于家训的这个特性，本书在选录阳明先生家训时一概以内容为准，不拘文体。附录部分的阳明弟子家训亦从此例。

本书凡例说明如下：

1. 本书正编选录王阳明重要的家训十四篇。由于阳明一生并未写作专著性质的家训，因此本书所选家训，多来自他写给家中子弟的书信。但是，并非这样的家信都是家训，我们只甄录其中具有训诲功能的部分，且尽量避免内容、意旨上的重复。因此本书专图典型，不求全面。

2. 本书附录阳明弟子家训十篇，其中王畿家训三篇，邹守益家训两篇，黄绾家训三篇，薛侃家训两篇。所以在阳明弟子中选取这几位人物，一方面是因为他们与阳明关系亲近，曾亲身参与到王家子弟的教育活动中；另一方面，这四位本身都是阳明学的重镇，他们的家教理念与阳明一脉相承。阅读他们的家训，可加深对阳明家教思想的理解。

3. 每篇均分为"原文""今译""简注""实践要点"四部分。附录以人物简介冠于各家家训之前。

4. 本书为普及读物，故书中所引原文，均就通行整理本中录出，以方便读者查阅检索。王阳明部分原文均录自吴光、钱明、董平、姚延福编校《王阳明全集》及束景南、查明昊辑编《王阳明全集补编》（均为上海古籍出版社出版）；王畿部分录自凤凰出版社《王畿集》；邹守益部分录自凤凰出版社《邹守益集》；黄绾部分录自上海古籍出版社《黄绾集》；

薛侃部分录自上海古籍出版社《薛侃集》。若整理本中字词句读有错讹处，则径行改正，不出校记。王程强编著《王阳明家书》（台海出版社，2017年）一书收录了阳明先生的大部分书信，并加以释读，本书的注译部分参考了它的成果。

5. 注释力求简洁。对不常见字进行注音。遇到使用典故的地方，则将典故原文注出，并解释大意。

6. 译文以疏通文意为主，因此意译的地方比较多。读者若想了解具体疑难字词的意义，可参看注释。

7. 实践要点的写作方式相对灵活，或者是对正文内容进行材料补充，或者是对正文中某些重要的观点、现象进行阐释。但最重要的，还是结合近人案例和当前现实，探讨阳明学派家训对我们当今教育实践的启示。

王阳明家训

示宪儿

幼儿曹①，听教诲。勤读书，要孝弟②。
学谦恭，循礼义③。节饮食，戒游戏。
毋说谎，毋贪利。毋任情④，毋斗气。
毋责人，但自治⑤。能下人⑥，是有志。
能容人，是大器。凡做人，在心地。
心地好，是良士。心地恶，是凶类。
譬树果，心是蒂⑦。蒂若坏，果必坠。
吾教汝，全在是。汝谛⑧听，勿轻弃！

| 今译 |

　　孩子们啊，请听教诲：勤奋读书，须要孝悌。为人谦恭，遵守礼仪。节制饮食，戒除游戏。不要说谎，不要贪利。不要任性，不要斗气。不指责人，反求诸己。能忍让人，乃为有志。能包容人，方成大器。做人好坏，全在心地。心善则善，心恶则恶。人如果实，心似果蒂。果蒂若坏，果实落地。我教你的，全在这里。你要听记，切勿轻弃。

①儿曹：儿辈，孩子们。

②弟：又作"孝悌"，意为孝顺父母，敬爱兄长。

③礼义：礼法道义。《管子·牧民》："国有四维……何谓四维？一曰礼，二曰义，三曰廉，四曰耻。礼不逾节，义不自进，廉不蔽恶，耻不从枉。"

④任情：放任情感，不受约束。宋明理学继承孟子的看法，认为人性本善。但他们又认为人情是有善有恶的，过于放任自己的情感将导致人的堕落。

⑤自治：自我管理，此处指修养自己的德性。

⑥下人：自居人下，对人谦让。

⑦蒂：花或瓜果跟枝茎相连的部分。

⑧谛：仔细。

| 实践要点 |

这篇王阳明的教子"三字经"收录在《王阳明全集·外集·赣州诗》中，所谓"赣州诗"，指的是正德十一年（1516）九月到十三年十二月王阳明巡抚赣州期间所写的诗。

正德十年（1515）正月，44岁的王阳明以及弟弟守俭、守文、守章都膝下无子，父亲王华选了三弟王衮的孙子，即王守信的五子王正宪过继给阳明，这一年，正宪才八岁。翌年秋天，经兵部尚书王琼推荐，王阳明升任都察院左佥都御史巡抚江西、福建的南赣汀漳地区，历时两年有余，终于平息了山寇暴乱，因军功而升任都察院右副都御史。山区剿匪的日子里，他仍不忘寄诗来开示年少的儿子。

王阳明曾说："古人所有教其子者，不外于身心性情之德、人伦日用之常。"此诗指点的正是德性伦常，写得通俗浅白，琅琅上口，直指人心，点出做人的根本在于心地善恶，这也是阳明教育思想的核心——从心地出发，由德行入手，将人培养成"良士"。

另一个要点就是要学会包容与忍耐，才能成就大器。儒家经典《尚书·君陈》："必有忍，其乃有济。有容，德乃大。"《道德经》说"知常容，容乃公，公乃全"，提倡包容、不争，佛教则有"忍辱波罗蜜"的说法，把忍视为众生解脱到达彼岸的修行方法之一，《圣经·罗马书》说"患难生忍耐，忍耐生老练，老练生盼望"，乃至于近代倡导新文化运动的自由主义者胡适，晚年喜欢讲"容忍比自由更重要"，可见，古往今来的贤人智者都提倡克制、容忍来磨砺心性，进而改良社会风气。

此外，基督教"七宗罪"中有饕餮、傲慢、贪婪（其他四种是暴怒、懒惰、淫欲、嫉妒）、佛教五戒中有"不妄语"（其他四种是不杀生、不偷盗、不饮酒、不邪淫），与王阳明的节饮食、毋说谎、毋贪利、毋斗气也是相应的，更可知东西方圣人，心同理同。

"节饮食、戒游戏"，对今天这个物产过剩、电玩流行的时代来说，或许最有针砭意义。

《示宪儿》自明清以来在民间传播颇广，如明代万历年间的广东南海庞尚鹏的《庞氏家训》就有收录，只是名字改成《训蒙歌》，同时收录了班昭的《女诫》，并规定"童子年五岁诵《训蒙歌》，不许纵容骄惰。女子年六岁诵《女诫》，不许出闺门"。笔者的家祠起凤陈公祠的门楼石刻也刻有《示宪儿》，可见岭海之地到近代仍有阳明学的影迹。

书正宪扇

今人病痛，大段①只是傲。千罪百恶，皆从傲上来。傲则自高自是，不肯屈下人②。故为子而傲，必不能孝；为弟而傲，必不能弟；为臣而傲，必不能忠。象③之不仁，丹朱④之不肖，皆只是一"傲"字，便结果⑤了一生，做个极恶大罪的人，更无解救得处。汝曹⑥为学，先要除此病根，方才有地步可进。"傲"之反为"谦"，"谦"字便是对症之药。非但是外貌卑逊，须是中心"恭敬、撙节、退让"⑦，常见自己不是，真能虚己受人。故为子而谦，斯能孝；为弟而谦，斯能弟；为臣而谦，斯能忠。尧舜⑧之圣，只是谦到至诚处，便是"允恭克让"⑨"温恭允塞"⑩也。汝曹勉之敬之，其毋若伯鲁之简⑪哉！

| 今译 |

当代人的病痛，主要就出在一个"傲"字上。许多罪恶都因骄傲而生。骄傲

就会自以为是，不肯谦卑待人。所以说，作儿子的骄傲，就一定不会孝顺父母；作弟弟的骄傲，就一定不会爱敬哥哥；作臣民的骄傲，就一定不会忠于君上。象之所以缺少爱心善行，丹朱之所以不像他的父亲那样贤德，都根源于一个"傲"字。象和丹朱因为一个"傲"字，害了自己一辈子，堕落成罪大恶极的人，完全找不到解救的办法。因此你们读书为学的首要任务，就是根除"骄傲"这个病根，只有战胜了傲慢之心，人才能有进步的余地。骄傲的反面是谦虚，"谦"字就是根治骄傲的良药。要牢记，谦虚不是外貌谦逊，做做样子而已，一定要心中"恭敬节制，守礼退让"，时常检讨自己的过失，真正做到虚心谦下、容纳他人。所以说，作儿子的谦虚，一定会孝顺父母；作弟弟的谦虚，一定会爱敬哥哥；作臣民的谦虚，一定能忠于君上。尧帝和舜帝之所以成为一代圣王，只是因为他们谦虚到了极点，也真诚到了极点，这就是《尚书》里说的"既诚敬又谦让"，"温良恭敬诚信笃实"。你们一定要敬听训诲，努力进步。对待我的话，千万不要像伯鲁对待他父亲交给他的竹简那样。

| **简注** |

/

① 大段：大部分。

② 屈下人：屈己下人，指对人谦让。

③ 象：中国古代舜帝的同父异母弟弟，为人品行不端，多次谋害哥哥。《史记·五帝本纪》："舜父瞽叟，盲，而舜母死。瞽叟更娶妻，而生象，象傲。"

④ 丹朱：中国古代尧帝的长子，因为品行不端，尧最终没有把帝位传给他。

《史记·五帝本纪》："尧知子丹朱之不肖，不足授天下，于是乃权授舜。"

⑤ 结果：指人的归宿。此处做动词用，可译为"了结"。

⑥ 汝曹：你们。

⑦ 恭敬、撙节、退让：语出《礼记·曲礼》："君子恭敬、撙节、退让以明礼。"撙节：（汉）郑玄《礼记注》："撙，犹趋也。"撙节，就是趋向节制。《礼记》，又名《小戴礼记》，儒家经典"十三经"之一。

⑧ 尧舜：尧，"五帝"之一，姓伊祁，号放勋；舜，"五帝"之一，姓姚，名重华。在夏、商、周三代之前，我国历史有所谓的"五帝"时期。据《史记·五帝本纪》的记载，这个时期的统治者按其统治时间先后依次为：黄帝、颛顼、帝喾、尧、舜。共五人，因此称"五帝"。而在"五帝"中，尧、舜又尤其为儒家所称颂，"尧舜禅让"的故事凝结了儒家学说的人格理想和政治理想。

⑨ 允恭克让：语出《尚书·尧典》。意为：诚实恭谨，能够宽容让人。（汉）孔安国："允，信。克，能。"（汉）郑玄："不懈于位曰恭，推贤尚善曰让。"《尚书》，又名《书》，儒家经典"十三经"之一。

⑩ 温恭允塞：语出《尚书·舜典》。意为：温和、恭谨、诚信、笃实。

⑪ 伯鲁之简：春秋时期，著名政治人物赵简子准备确立接班人，他有两个儿子，长子伯鲁，次子无恤。是立长还是立幼，赵简子拿不定主意。他想出了一个考验的办法，就把家训写在两片竹简上，交给两个儿子，嘱咐他们遵守家训修身养性。三年后，考察结果时，伯鲁已经忘了家训的内容，并且连竹简也弄丢了；无恤则随口诵出了家训，并且在父亲问到竹简时随手从袖笼里掏出竹简，呈递给父亲。因此，无恤被立为继承人，这就是赵襄子。

这篇文字是题写在王正宪的扇子上面的，用于日常的警醒，书于嘉靖四年（1525），王阳明在绍兴家居讲学期间，正宪时年17岁。此时的阳明已是封爵新建伯，而正宪因荣荫而获封锦衣卫副千户，王家伯府荣显空前，阳明的讲学事业也如日中天，家中宾客往来都是名流达贵，估计让正宪不免得意了起来。毕竟是未经世事的少年，没有建功立业，也没有参加过科举，光靠父亲"百死千难"的打拼就挣得了地位，一切来得太容易了，不是什么好事情。阳明正好要趁机敲打一番。

傲慢是需要资本的，对于王家这样的士人阶层，除了物质、地位上的资本，还包括获取知识教养的能力。一旦傲慢起来，就会自高自满，学问就丧失了进步的可能。还有一种傲慢，就是信仰带来的偏执自是，自以为真理在握，容纳不了他人的意见，甚至是打击、排斥异己，这在知识阶层中也是常见的，在人类历史上更是造成了巨大的罪恶，如宗教冲突与战争。所以在阳明看来，傲慢就是"千罪百恶"的病根。

《尚书·大禹谟》："满招损，谦受益"，《易经》六十四卦里面还有一个特殊的卦叫"谦卦"，特殊在其"六爻皆吉"，就是说谦虚的德行没有一点瑕疵。谦卦的意象是"地山谦"，地在上而山在下。"地"有温柔顺从的特性，并且孕育万物；至于"山"，是难以跨越的障碍，本来象征停止或阻止。现在高山却隐伏在大地之下，不是更让人觉得可以亲近也值得称颂吗？

20世纪的大史学家、一代通儒钱穆（1895—1990）曾自述一段童年往事：

他父亲是当地有威望的人，每晚都会到鸦片馆议论解决镇上的公共事务。有一晚他随父前往，座客知道他自幼聪慧，喜欢读书，就怂恿他当场来背一段《三国演义》的"诸葛亮舌战群儒"，他背诵兼表演，一会儿站一边演诸葛亮，一会儿站另一边演张昭，赢得满堂彩，但父亲"唯唯不答一辞"。第二天晚上，他又跟着父亲去馆里，半路经过一桥，父亲忽然问他："识桥字否？"他说知道。父亲问："什么偏旁？"他回答说木字旁。父亲又问："以木字易马字为旁，识否？"他回答说是"骄"字。父亲问他："骄字何义，知否？"他又点头说知道。父亲牵起他的手轻声问："汝昨夜有近此骄字否？"那一刻他"如闻震雷，俯首默不语"。去到馆中，座客本要他继续来一段诸葛亮骂死王朗，见他扭捏不安，也就不勉强了。这一年他才九岁。这段父亲婉言劝戒骄傲的经历他到耄耋之年依然印象深刻，写在回忆录《八十忆双亲》中。

岭南寄正宪男

初到江西，因闻姚公①已在宾州②进兵，恐我到彼，则三司③及各领兵官未免出来迎接，反致阻挠其事，是以迟迟其行。意欲俟彼成功，然后往彼，公同与之一处。十一月初七，始过梅岭④，乃闻姚公在彼以兵少之故，尚未敢发哨，以是只得昼夜兼程而行。今日已度三水⑤，去梧州⑥已不远，再四五日可到矣。途中皆平安，只是咳嗽尚未全愈，然亦不为大患。书到，可即告祖母汝诸叔知之，皆不必挂念。

┃ 今译 ┃

我刚刚进入江西境内时，因为听说姚公已经在宾州出兵剿匪，我担心自己到那里后，三司衙门的各级官吏以及统兵将领要来迎接我，这样反而耽误他们的军事行动，因此有意放慢了行程。我本来想等他们剿匪胜利后再赶到那里，处理善后事宜。但十一月初七翻越梅岭时，又听说姚公那里因为兵少的缘故，到目前都没有发动进攻，于是我只能昼夜兼程，快速前行。今日我们已经过了广东的三水，离广西梧州不远了，再过四五天就可以到达目的地。沿途一切平安，只是咳嗽至今未愈，不过也无大碍。你收到信后，记得立即禀报给祖母和各位叔叔知道，让他们不用牵挂。

简注

① 姚公：姚镆（1465—1538），字英之，浙江慈溪人。明代名臣。嘉靖四年（1525），姚镆任右都御史，提督两广军务兼巡抚，击败图谋不轨的田州土官岑猛，升为左都御史，加太子少保。但岑猛余党又起叛乱，朝廷起阳明督两广军，令姚镆与之共事，姚镆以病请辞，由驿站归。

② 宾州：今广西宾阳县。

③ 三司：明代省级行政机构设立有布政使司、按察使司和都指挥使司，分管行政、司法和军事，简称"三司"。

④ 梅岭：位于江西大余和广东南雄二县市交界处，岭上有梅关，是沟通岭南地区和北方的重要关隘。

⑤ 三水：今广东佛山市。

⑥ 梧州：今广西梧州。

家中凡百皆只依我戒谕而行。魏廷豹、钱德洪、王汝中①当不负所托，汝宜亲近敬信，如就芝兰②可也。廿二叔忠信好学，携汝读书，必能切励。汝不审近日亦有少进益否？聪儿③迩来眠食如何？凡百只宜谨听魏廷豹指教，不可轻信奶婆之类，至嘱至嘱！一应租税帐目，自宜上紧，须不俟我丁宁④。我今国事在身，岂复能记念家事，汝辈自宜体悉勉励，方是佳子弟尔。十一月望。

| 今译 |

家中大小事情都要按照我的告诫和教导办理。魏廷豹、钱德洪和王汝中应该能不辜负我的托付，你要像亲近芷草兰花那样亲近、相信他们。廿二叔为人忠厚诚实又好学向上，如今由他带领你读书，一定有切磋砥砺的效果。不知道你自己近来是否有了些许进步？聪儿最近的睡眠和饮食怎么样？所有的事情切记要听从魏廷豹的指教，不要轻易听信奶妈这类人的话。切记切记！家中一切佃租、税务，你自然要上心，不要等我再三嘱咐。我现在身负国家大任，怎么可能一再挂念家中的事务？你们要仔细体会、自我勉励，这才是我家的好子弟。十一月十五。

① 魏廷豹、钱德洪、王汝中：阳明弟子。魏廷豹，名直，字廷豹，浙江萧山（现浙江省杭州市）人，王阳明的学生。生卒年不详，但据（明）汪应轸《稽山集序》，可知他年纪比阳明大，为人稳重，故嘉靖六年（1527）阳明奉诏西征时，把家族的管理事务都托付给他。编著有《稽山集》和医书《博爱心鉴》《二难宝鉴》等。钱德洪（1496—1574），初名宽，字德洪，因避免世讳，以字行。号绪山，人称绪山先生。浙江余姚（今属浙江省宁波市）人，是王阳明最信任的学生之一，阳明过世后，钱德洪编纂了《阳明先生年谱》，并整理了王阳明的主要著作，对阳明心学的传播做出了巨大贡献。著有《绪山会语》。王汝中，名王畿（jī）（1498—1583），字汝中，号龙溪，学者称龙溪先生。浙江绍兴（今浙江省绍兴市）人。王畿是王阳明最为欣赏的学生之一。其"四无"之说相比阳明更为激进，对之后的李贽等人产生了巨大影响，为"浙中王门"的代表人物。钱德洪和王畿不仅继承了阳明心学的衣钵，在生活上也与阳明有着紧密的联系。所以阳明在西征之后，特别嘱咐他们二人协助魏直教育王氏子弟，管理家务。

② 芝兰：芷和兰，皆香草。芝，通"芷"。比喻优秀的人。

③ 聪儿：王阳明的嗣子王正聪，后因避嘉靖皇帝朱厚熜的讳，改名王正亿。

④ 丁宁：即"叮咛"，再三嘱咐。

嘉靖六年（1527）年底，56 岁的阳明在奉命往广西平叛途中，给儿子王正宪写了这封信。要点如下：

一、如同之前的信，叨切儿子要亲近贤者，远离小人，关爱襁褓中的弟弟。天下最喋喋不休的，恐怕就是父母了，古今中外都一样。真正体会到为人父母的唠叨，才能生起感恩之心，珍惜亲子之间的牵挂之情，而不是厌烦。

二、军旅中及时汇报病情，让家人放心，尤其是寡居的老母。如《论语·为政》所说的"父母唯其疾之忧"，通行的解释是说让做父母的只是为儿女的疾病担忧（而不担忧其他事情），就算得上是孝了。孔子这话在阳明这里得到了体现。

三、阳明以自己实际行动来教导儿子，做人要有胸怀，为大局、为他人着想。信中我们得知，阳明不喜欢官场应酬例俗，不愿惊动当地官员来接驾而影响军事计划，对于即将要共事的在任主将姚镆，他不欲抢功，乐于成人之美。这是何等的器量！

寄正宪男手墨[1]

近两得汝书，知家中大小平安。且汝自言能守吾训戒，不敢违越[①]，果如所言，吾无忧矣。凡百家事及大小童仆，皆须听魏廷豹断决而行。近闻守度[②]颇不遵信，致牴牾[③]廷豹。未论其间是非曲直，只是牴牾廷豹，便已大不是矣。继闻其游荡奢纵如故，想亦终难化导。试问他毕竟如何乃可，宜自思之。

| 今译 |

最近收到你的两封信，知家中老少平安。并且你还说到，自己能够遵守我的教训和告诫，不敢有所逾越。若果真如你所言，我就没有什么可担心的了。家中所有事务、大人小孩以及众仆人，都要听从我指定的管家人魏廷豹的指挥。最近听说守度很不信从，甚至顶撞廷豹。先不论他们两人谁对谁错，仅仅顶撞管家

1　此信收录于束景南《王阳明全集补编》(上海古籍出版社，2016)，原题"寄正宪男手墨二卷"，共五通，此为第五通。

人这一项，就已经是大错了。又听说守度仍像过去一样游手好闲、挥霍无度，看来他是很难引导和教化了。你去问问他，他究竟要怎样才能满意，让他自己好好想想。

| 简注 |

① 违越：违背，背离。

② 守度：王守度，阳明族弟。

③ 牴牾：顶撞、冒犯。

守悌① 叔书来，云汝欲出应试②。但汝本领未备，恐成虚愿③。汝近来学业所进吾不知，汝自量度而行，吾不阻汝，亦不强汝也。德洪、汝中及诸直谅高明④，凡肯勉汝以德义，规汝以过失者，汝宜时时亲就⑤。汝若能如鱼之于水，不能须臾而离，则不及人不为忧矣。

| 今译 |

你守悌叔叔来信说，你准备去参加科举考试。但你目前的能力还不够，中举的愿望恐怕是要落空了。我不知道你近来学业进步到什么程度，你自己要量力而

行，我既不阻拦你去考试，也不勉强你去考试。德洪、汝中以及其他正直诚信的高明人士，只要是愿意在道德信义方面勉励你，在过错疏漏方面劝导你的，你就要时常亲近他们。你和他们如果能像鱼时时刻刻离不开水一样，就不必担忧品行修养不如别人了。

| 简注 |

① 守悌：王守悌，阳明族弟。

② 应试：参加科举考试。

③ 虚愿：不切实际的愿望。

④ 直谅高明：正直诚信，崇高明睿。

⑤ 亲就：亲近。

> 吾平生讲学，只是"致良知"①三字。仁，人心也；良知之诚爱恻怛②处，便是仁，无诚爱恻怛之心，亦无良知可致矣。汝于此处，宜加猛省③。家中凡事不暇一一细及，汝果能敬守训戒，吾亦不必一一细及也。余姚诸叔父、昆弟皆以吾言告之。

/

　　我一生讲学的内容，概括起来不过"致良知"三个字。仁，是人心；良知中的真诚、友爱、悲悯、同情，就是仁；如果心中没有真诚、友爱、悲悯、同情，也就没有什么良知可致了。你应该在这个地方深刻反省。家中各项事情没时间一一细说了，如果你能够以恭敬之心遵守我的教训和告诫，我也没有必要再一一细说。记得把我这几句话传达给在余姚的你的各位叔父和兄弟。

| 简注 |

/

　　① 致良知：阳明心学的核心观念之一。王阳明认为，良知就是天理，存在于人心中。人们只要时时处处推扩实践良知，则一切行为活动就自然合乎理，即合乎儒家的道德规范。

　　② 诚爱恻怛：相当于孟子所说的"恻隐之心"，即对人的同情心。阳明《再批追征钱粮呈》："诚爱恻怛之所发，小民莫不欢欣鼓舞。"这里的"发"字表明阳明的"诚爱恻怛"与孟子所谓"四端"，都是指人心本来具有的善。所谓"四端"，见《孟子·公孙丑》："恻隐之心，仁之端也。羞恶之心，礼之端也。辞让之心，礼之端也。是非之心，智之端也。"

　　③ 猛省：痛彻地自省。阳明论学，主张勇猛精进。因此好用"猛""勇"等字。

前月曾遣舍人任锐①寄书，历此时当已发回。若未发回，可将《江西巡抚时奏报批行稿簿》②一册，共计十四本，封固③付本舍④带来。

| 今译 |

前个月曾派仆人任锐回家送信，过了这么长时间，家里应该已经打发他返程了。如果还没返程，可把江西巡抚上奏朝廷的奏疏和批准施行的行文底稿一册，总共十四本，包装牢固，交给他带来。

| 简注 |

① 舍人任锐：舍人，仆从，差役。任锐，人名，生平不详。

② 江西巡抚时奏报批行稿簿：指当时江西巡抚报请上级批准的行稿簿。巡抚，又称抚台、抚军。为明清两代的地方官制名称，权力大于今日仅负责行政事务之省长，统筹地方行政、军事、司法权力。一开始，巡抚由中央临时指派，处理某一地区的紧要事宜，后来才基本制度化。行稿，一种文书类型。行即运行、流转之意，行稿也就是需向有关官署行文的草稿。如巡抚在向中央请示相关事宜时，先由有关人员拟一文稿，该稿即为行稿。

③ 封固：原为道教内丹修炼术语，《慧命经》："封固者，温养之义。停息而非闭息，乃用文火，将神气俱伏于气穴耳，随后火逼金行，待其有行动之机，则周天武火，自此起运也。"这里指把书籍包裹好。

④ 本舍：家里的仆人。

> 我今已至平南①县，此去田州②渐近。田州之事，我承姚公之后，或者可以因人成事。但他处事务似此者尚多，恐一置身其间，一时未易解脱耳。

| 今译 |

我现在已经到了平南县，离田州越来越近了。田州事件，我接姚公的班，或者可以依靠他前期的工作而顺利了结。但是别的地区类似事件还很多，一旦参与进来，恐怕不大容易脱身。

| 简注 |

① 平南：今广西平南县。

② 田州：今广西田东县。

汝在家凡百务宜守我戒谕，学做好人。德洪、汝中辈须时时亲近，请教求益。聪儿①已托魏廷豹时常一看。廷豹忠信君子，当能不负所托。但家众或有桀骜不肯遵奉其约束者，汝须相与痛加惩治。我归来日，断不轻恕。汝可早晚常以此意戒饬②之。

| 今译 |

你在家办理各项事务要遵守我的告诫和教导，学做好人。德洪和汝中等人你要时常亲近，向他们请教，以求进步。聪儿我已经托付给魏廷豹照看。廷豹是个忠信君子，应该不会辜负我的嘱托。家人如果有人桀骜不驯，不愿遵奉他的约束，你要严加惩处。等我回来，对这样的人也绝不会轻饶。你应该经常这样告诫他们。

| 简注 |

① 聪儿：王阳明的嗣子王正聪，后因避嘉靖皇帝朱厚熜的讳，改名王正亿。
② 戒饬：告诫。

廿二弟①近来砥砺如何？守度近来修省如何？保一②近来管事如何？保三③近来改过如何？王祥④等早晚照管如何？王祯⑤不远出否？此等事，我方有国事在身，安能分念及此琐琐家务？汝等自宜体我之意，谨守礼法，不致累我怀抱⑥乃可耳。十二月初五日发

廿二弟最近磨炼得怎么样？守度在修身上反省得怎么样？保一最近管事的情况怎么样？保三最近改过方面做得怎么样？王祥等人早晚事情照管得怎么样？王祯是不是不再跑远路了？这些琐事，由于我身负国家重任，没办法分心去管。你们自己要体会我的心意，好好遵守礼法，不要让我操心才是。十二月初五日发出

| 简注 |

① 廿二弟：即王正感，字仲诚，王守俭儿子，家族排行第廿二。

② 保一：即郑邦瑞，王阳明二舅的孙子，又写作宝一。

③ 保三：郑邦瑞三弟。

④ 王祥：王门家仆，曾随阳明谪任贵州。

⑤ 王祯：王门家仆，曾去北京给阳明送画画用的绢布。阳明死后，陪年幼的王正亿到南京投奔黄绾。

⑥ 怀抱：心胸。

▎实践要点 ▎

此信写于嘉靖六年（1527），阳明抵达广西平南县交接军务之时。

阳明出征广西前，把家政和幼儿的护理委托给了魏廷豹，把正宪的学习委托给了钱德洪和王畿。魏廷豹此人在阳明弟子中并不出彩，我们现在已经很难知道，为什么阳明先生会把一家之事托付给这么一位声名不彰之人。从现存资料看，魏廷豹年纪似比阳明先生还大，为人也比较稳重，是个忠信君子。这可能是阳明选中他的原因。可是，《寄正宪男手墨》这封信却显示，魏廷豹在王家受到了王氏子弟的诸多挑战。王阳明功名显赫，又是长子，很自然地成为王氏家族的大家长，不仅要管教自己的弟弟、儿子，还要照顾他的叔伯兄弟。从信中看，这些人的桀骜骄奢显然让他头疼。因此在生命的最后一年，身在岭南的阳明还不忘给钱德洪、王畿写信，一方面询问生徒学友学问的进展，一方面以家事相托：

其一：

> 地方事幸遂平息，相见渐可期矣。近来不审同志叙会如何？得无法堂（即讲堂）前今已草深一丈否？想卧龙（指未露头角的人才）之会，虽不能大有所益，亦不宜遂致荒落。且存饩羊（古代用为祭品的羊，后引申为礼仪），后或

兴起亦未可知。余姚得应元诸友相与倡率，为益不小。近有人自家乡来，闻龙山之讲至今不废，亦殊可喜。书到，望为寄声，益相与勉之。九、十弟（守俭、守文）与正宪辈，不审早晚能来亲近否？或彼自绝（自我隔绝，指不主动联系钱德洪、王畿等人），望且诱掖接引之，谅与人为善之心，当不俟多喋也。魏廷豹决能不负所托，儿辈或不能率教，亦望相与夹持（辅助）之。人行匆匆，百不一及。诸同志不能尽列姓字，均致此意。

其二：

德洪、汝中书来，见近日工夫之有进，足为喜慰！而余姚、绍兴诸同志，又能相聚会讲切，奋发兴起，日勤不懈。吾道之昌，真有火然泉达（然，同"燃"。比喻形势快速发展）之机矣。喜幸当何如哉！喜幸当何如哉！此间地方悉已平靖，只因二三大贼巢，为两省盗贼之根株渊薮，积为民患者，心亦不忍不为一除剪，又复迟留二三月。今亦了事矣，旬月间便当就归途也。守俭、守文二弟，近承夹持启迪，想亦渐有所进。正宪尤极懒惰，若不痛加针砭，其病未易能去。父子兄弟之间，情既迫切，责善反难，其任乃在师友之间。想平日骨肉道义之爱，当不俟于多嘱也。书院规制，近闻颇加修葺，是亦可喜。寄去银二十两，稍助工费。墙垣之未坚完及一应合整备者，酌量为之。余情面话不久。

在这两封信里，阳明都提到他比较担心二弟王守俭、三弟王守文（信里称他们为"九、十弟"，是按在家族中排名来的），以及自己的儿子王正宪。守俭、守文是弟辈中让阳明操心较多的两位，而正宪此时也已年过二十，不再是《示宪儿》时期的懵懂年纪。看得出来，阳明对这个儿子的发展并不满意，因此才反复叮嘱自己的得意弟子钱德洪、王畿要主动"诱掖接引"，让他学好。这实际上是有点过分的要求，因为古代中国的师道讲究的是："礼闻来学，不闻往教。"（《礼记》）一个真正好学的人，会主动向道德高尚、学养过人的长者请教，而非让长者主动来教他。阳明虽然责命正宪要向钱德洪、王畿学习，但估计心里也明白，这个儿子并不好学（在《寄正宪男手墨》中，他直接预言正宪科举不会成功）。与其指望他的觉悟，不如寄希望于门生们的责任感。阳明在这里还提到一个教育学上的深刻道理："父子兄弟之间，情既迫切，责善反难，其任乃在师友之间。"父子之间，因为关系太过亲密，有些责备的话反而不好讲，这时候，就需要老师的从旁协助。王阳明是教育大家，在历史上留名的门生数以百计，连他都承认家庭作为一个教育环境的先天不足，足见学校、社会教育的重要性。可惜当代的某些父母过于溺爱自己的子女，对学校中老师稍微严格的批评都无法接受。孩子在一片赞誉声中长大，看不到自己的缺点，还有什么动力去改正，去向善呢？

回到《寄正宪男手墨》，阳明在信中不断提到"守吾训戒"、"敬守训戒"、"守我戒谕"、"谨守礼法"，很明显是希望正宪和王家其他子弟能够收敛身心，遵守礼法。晚年的阳明面对的是一个逐渐被骄奢风气腐蚀的大家庭。王家自阳明的父亲王华那一辈起，就已步入高级官僚家庭之列，再加上阳明先生一生在事功、学问上均取得了巨大的成就。这种情况下，骄傲的情绪、安逸的生活很容易让子弟丧失进取之心。中国老话喜欢说的"君子之泽、五世而斩"、"富不过三代"，都是贵族子弟在祖辈的余荫下不知勉力向学的后果。从阳明给守文、正宪等人的书信中看到，王家当时也已经隐含了这一危机。所以劝子弟要收敛低调，严守礼法，其实是非常对症下药的。

另外，此信对于我们理解阳明心学，还有特别重要的意义。因为阳明在信中直言："吾平生讲学，只是'致良知'三字。""良知"可谓阳明心学最重要的概念，《传习录》对此解释道："良知是天理昭明灵觉处，故良知即是天理。""良知"就是"天理"，是一个人判断是非的先天能力。那什么是"致良知"呢？阳明认为，每个人生下来就有"良知"，但因为人的私欲，也因为周遭环境的影响，这个"良知"，很多时候是被遮蔽起来的。这就需要用工夫来使"良知"在人们心中再次明朗起来，而使良知复明的工夫，就是"致良知"。

阳明认为，一个人要"致良知"，最重要的是要做到两点，一曰"诚意"，二曰"知行合一"。"诚意"是一个态度，在修行中属于先决条件。按他说法是："惟天下之至诚，然后能立天下之大本。""'诚意'之说，自是圣门教人用功第一义。"《传习录》里记有阳明门人黄直的一番体悟，比较浅显，故抄录如下：

先生尝谓人但得好善如好好色，恶恶如恶恶臭，便是圣人。直初闻之，觉甚易，后体验得来，此个功夫着实是难。如一念虽知好善恶恶，然不知不觉，又夹杂去了。才有夹杂，便不是好善如好好色、恶恶如恶恶臭的心。善能实实的好，是无念不善矣。恶能实实的恶，是无念及恶矣。如何不是圣人？故圣人之学，只是一诚而已。

所谓"诚意"，就是一心一意，排除杂念，做到对待善恶能像天然感官那样敏锐——闻到恶臭就感到厌恶，看到美好事物就心生欢喜。这和宋代理学家们喜欢说的临事必敬比较，内涵是有相似之处的。我们做一件事情，首先就是要认真对待这件事，保持专注，才可能取得成功，自己的内心的道德判断，更是如此。

然后说"知行合一"。我国著名教育家陶行知（1891—1946），在他上大学的时候，因为看到王阳明的"知行合一"论，就毅然改名"知行"（后又改为"行知"）。可知这一学说的巨大魅力。那"知行合一"到底是指什么呢？最好的答案，还是在《传习录》中。有学生就"知行合一"请教说·"现在人都知道对父亲要孝，对兄弟要悌，但都做不到，可见'知'和'行'是不一样的。"阳明回答说："这是因为他们已被私欲隔断，不是知行的本来面目了。天底下没有知而不行的人，知而不行，只是未知。我们说一个人孝悌，一定是因为他已经躬行孝悌了，才可以这么说，而不能因为他们会说一些'做儿子的要孝'、'作弟弟的要悌'之类的话就认为他懂得孝悌了。这好比说痛，真痛了才会说痛，说冷，真冷了才会说冷。"

在这里，阳明的重心明显是放在"行"上的，没有"行"的"知"不算"知"。用今天一句流行电影台词来说就是："从小到大听过很多道理，却依然过不好这一生。"为什么会这样？就是在生活中，我们有太多人把"知""行"分开了。以为一件事情、一个道理，你想明白就可以，却不知道行动的重要性。所谓"实践是检验真理的唯一标准"，你不去做，就永远不会知道所谓的"真理"到底是不是真理。阳明的"知行合一"蕴含着非常强大的实践精神。在他晚年，还反复强调为人为学要"事上磨炼"，可见行动永远占据最重要的地位。一生的坎坷让王阳明意识到，越大的磨难，越是一个人锻炼自己的好时机。圣人之道不远，远在不予实践，这是阳明心学的真髓。

客座私祝^①

但愿温恭直谅^②之友来此讲学论道，示以孝友谦和之行；德业相劝，过失相规^③，以教训我子弟，使毋陷于非僻^④。不愿狂懆惰慢之徒，来此博弈^⑤饮酒，长傲饰非^⑥，导以骄奢淫荡之事，诱以贪财黩货^⑦之谋；冥顽^⑧无耻，扇惑^⑨鼓动，以益我子弟之不肖。

今译

只希望温良、恭谨、正直、诚信的朋友来这里讲学，言谈举止要孝敬师长、友爱兄弟、谦虚谨慎、平和待人；道德和功业互相勉励、共同进步，发现什么过失要互相劝诫，用这样的言行来教育我家子弟，以免他们走上邪路。不希望狂躁不安和懈怠涣散的人来这里赌博饮酒，滋长骄傲和掩饰过错，诱导我家子弟做那些放纵奢侈和荒淫无度的事，阴谋哄骗我家子弟学习唯利是图和暴殄天物；如此愚昧顽固、不知羞耻，惯于煽动教唆的人，只会增加我家子弟的不良品行。

① 客座私祝：客座，招待客人的房间；祝，祝祷，祈祷。

② 温恭直谅：温，温和；恭，恭敬；直，正直；谅，诚信。

③ 德业相劝，过失相规：在德行方面相互鼓励，在过失方面相互规劝。中国古代近义词的使用有所谓"对文则异，散文则通"一说。意即两个意义相近的词，在它们单独出现时可以相互替代，但当它们成对出现时，两者的意义会有微妙的差异，不能相互替代。"德业相劝，过失相规"里的"劝"和"规"，就是"对文则异"的典型。本来，两者都表示劝说之意。但这里的语境中，前者偏向于鼓励式的劝说，后者则是劝诫式的。

④ 非僻：又作"非辟"，邪恶。

⑤ 博弈：赌博。

⑥ 长傲饰非：助长傲慢，粉饰过失。长（zhǎng），增加；饰，粉饰，伪装。

⑦ 黩（dú）货：与"贪财"意近，都指贪求财物。

⑧ 冥顽：愚昧无知。

⑨ 扇惑：煽动蛊惑。

嗚呼！由前之说，是谓良士；由后之说，是谓凶人。我子弟苟远良士而近凶人，是谓逆子，戒之戒之！

呜呼！像我前面所说的那样，就是贤人；像我后面所说的那样，就是恶人。我家子弟如果疏远贤人亲近恶人，那就是不孝子弟。你们一定要一再小心！

嘉靖丁亥八月，将有两广之行，书此以戒我子弟，并以告夫士友之辱临于斯者，请一览教之。

嘉靖六年八月，我要去两广上任，出发前写这些话来教育家族子弟，并且敬告到我家来的各位朋友，请你们看一遍后，也按照里面的要求来提点他们。

| 实践要点 |

此文是嘉靖六年（1527）八月，王阳明赴任广西之前写的，用来提醒来访客人要讲学论道，砥砺德行，并告诫伯府的家人要亲近良士，远离凶人。

贤良之士的评判标准是温恭直谅、孝友谦和，能帮助你成就德业，规劝你改正过失。而"凶人"则是狂妄、暴躁、懒惰，有饮酒赌博种种不良嗜好，奢侈虚荣、放纵淫荡，各种花言巧语蛊惑人心。孔子说过："益者三友，损者三友：友直、友谅、友多闻，益矣；友便辟、友善柔、友便佞，损矣。"（《论语·季氏》）大意是说与正直、诚信、见闻广博的人交友是有益的，与惯于走邪道的、善于阿谀奉承的、花言巧语的人交朋友是有害的。亲近"益友"，远离"损友"是儒家教诲我们的交友之道。

好的家庭文化氛围对人的熏陶作用是无形而又难以估量的。20世纪著名的科学家、教育家、社会活动家钱伟长（1912—2010）曾回忆他幼年时融洽的家庭氛围。生活虽清苦，但一家其乐融融，每到寒暑假，父亲、叔父们相继回家，就舞文弄墨，下棋奏乐，他"就在琴棋书画的文化环境下受尽了华夏文化的陶冶。"他这样自述：

> 假期家中最受我欢迎的活动是围棋，父叔四人都精于围棋，经常打擂台，我是最热诚的观战者，也管记账。他们有时摆谱，家中有《海昌二妙集》等各种棋谱，在开学后父叔返校，我也经常摆谱，但我从来不敢和父叔对局。不过后来在小学、中学、大学中多次参加校内比赛，就靠这点底子，居然也能取得冠军，同时围棋就成为我终身的业余爱好。

> 一到晚饭后，每天有一小时的音乐活动，父亲善琵琶和笙，四叔善箫，六叔好笛，八叔拉一手好二胡。他们合奏时，祖母、母亲、婶母和弟妹都围坐欣赏，并经常有邻居参加旁听。我听长了也能打碗击板随乐。这样的音乐活动，增加了我的节奏感。我长大后，由于专业工作和社会活动过重，并无时间参加音乐欣赏活动，也形成不了业余爱好，但乐感和节奏感还是明显地存在着的。

> 融乐的家庭及长辈的楷模，启迪着像我这样的年轻人，懂得要洁身自好，刻苦自励，胸怀坦荡，积极求知，安贫正派。在进入正规学校前，就得到家庭教育的良好培养。（选自《钱伟长文选》第5卷，上海大学出版社，2012年版）

赣州书示四侄正思等

近闻尔曹学业有进，有司①考校②，获居前列，吾闻之喜而不寐。此是家门好消息，继吾书香者，在尔辈矣。勉之勉之！吾非徒望尔辈但取青紫③，荣身肥家④，如世俗所尚，以夸市井小儿。尔辈须以仁礼存心，以孝弟为本，以圣贤自期，务在光前裕后⑤，斯可矣。

| 今译 |

最近听说你们的学业有进步，在学官的考核中名列前茅，我听说后高兴得睡不着觉。这是我们家的好消息，能够继承这个书香世家的就是你们了。要继续努力呀！我绝不是仅仅希望你们通过读书科举而升官发财，就像世俗所崇尚的那样，升官发财后在俗人面前自我炫耀。你们一定要以仁和礼来修养自己，把孝敬师长和友爱兄弟当作做人的根本，以圣贤为人生的目标，一定要做到为祖宗增光，为后辈造福，这样才符合我的期待。

① 有司：官吏。古代设官分职，各有专司，故称。

② 考校：考核。此处指明代学官对生员进行的考试。

③ 青紫：指高官。西汉时期丞相、太尉、御史大夫绶带的颜色为紫色和青色，后以青紫指代高官。

④ 荣身肥家：使自身荣耀，使家庭富贵。

⑤ 光前裕后：光耀祖先，造福后代。

> 吾惟幼而失学无行①，无师友之助，迨今中年，未有所成。尔辈当鉴吾既往②，及时勉力，毋又自贻③他日之悔，如吾今日也。

我小时候不知道学习圣贤学问，以至于品行不好，又缺少良师益友的帮助，导致现在人到中年，也没能有所成就。你们要把我失败的过去作为一面镜子，及时勉力，不要等到将来再后悔，就像我现在后悔一样。

① 失学无行：失学，缺少学习；无行，缺乏美好的品行。阳明出身官宦家庭，自小教养极好，这里只是他的自谦之辞。

② 既往：以往。

③ 贻：遗留。

习俗移人，如油渍①面，虽贤者不免，况尔曹初学小子能无溺乎？然惟痛惩深创②，乃为善变③。昔人云："脱去凡近，以游高明。"④此言良足以警，小子识之！

| 今译 |

习俗能改变人，就像油沁入面粉一样，即便贤能的人也在所难免，更何况你们这些刚刚知道学问的年轻人，能够不被习俗的大海淹没吗？只有严厉地反省自己身上的不良习气，才是善于自我改变。古人说："不要和那些庸俗的人厮混，要和那些高明的人交朋友。"这话足够警醒你们了，年轻人要记住这句话。

① 渍：浸染。

② 痛惩深创：严厉深切地自我省戒。惩、创，都是惩治、警戒的意思。

③ 善变：善于改变。宋明理学喜欢讲"变化气质"，即通过刻苦的修行来改变自己行为乃至性格的缺陷。这里的"善变"，应在此基础上理解。

④ 脱去凡近，以游高明：语出谢良佐《论语解序》。谢良佐（1050—1103），北宋学者，与游酢、吕大临、杨时号称"程门四先生"，是程朱理学中承上启下的人物。"脱去凡近，以游高明"后来成为理学中人的常用语，朱熹也曾引用过。而由于朱熹的巨大影响，到明清两代，许多人以为这句格言出于朱子。

吾尝有《立志说》与尔十叔①，尔辈可从钞录一通，置之几间②，时一省览③，亦足以发。方虽传于庸医，药可疗夫真病。尔曹勿谓尔伯父只寻常人尔，其言未必足法；又勿谓其言虽似有理，亦只是一场迂阔之谈，非吾辈急务。苟如是，"吾末如之何"④矣！

| 今译 |

/

我曾经写过一篇《立志说》给你们十叔，你们可以从他那里抄录一份，放在案头，经常看看，对照着反省自己，也可以启发自己。药方虽然是庸医传下来的，但药却可以治疗真实的病症。你们不要因为你们伯父只是一个普通人，就认为我的话不值得效法；也不要以为伯父的话虽然好像有道理，也不过是一些不切实际的话，并不是你们现在最需要学习的；如果你们真的这样认为，"对你们我就不知道怎么办了"。

| 简注 |

① 十叔：指阳明之弟王守文。见本书《示弟立志说》相关评说。

② 几间：桌上。

③ 省览：观看。

④ 吾末如之何：语出《论语·子罕》。意为：我也不知道该怎么办了。

读书讲学，此最吾所宿好，今虽干戈扰攘中^①，四方有来学者，吾未尝拒之。所恨牢落尘网^②，未能脱身而归。今幸盗贼稍平，以塞责求退，归卧林间，携尔曹朝夕切劘砥砺^③，吾何乐如之！

偶便先示尔等，尔等勉焉，毋虚吾望。正德丁丑四月三十日读书讲学是我一辈子的嗜好，现在虽然整天忙于剿匪，事务千头万绪，但是只要有各地来求学的人，我从来没有拒绝过。只恨身陷官场，像鸟儿落网一样，不能摆脱这些责任，回乡一心讲学。现在值得庆幸的，强盗土匪基本上肃清了，我算是勉强完成了职责，可以申请退休了。到时候我返乡栖息于山水之间，带着你们早晚一起探讨切磋学问，我将是何等的快乐呀！

偶有空闲写这封信先告诉你们，你们要努力，可不要让我的愿望落空。

正德十二年四月三十日

| 简注 |

① 干戈扰攘中：干戈，战争；扰攘，匆忙。干戈扰攘中，即在繁忙的战事中。

② 牢落尘网：陷落在人世俗事的层层束缚中，无法挣脱。尘，世俗。

③ 切劘（mó）砥砺：都有摩擦的意思，后来引申为磨炼，锻炼。

| 实践要点 |

此信落款是正德十二年（1517）四月三十。这年的正月十六王阳明就到任赣州，以全副精力投入地方军政事务中，部署剿匪战役。正月下旬前往福建前线，肃清漳

州南部的山寇，四月告捷班师，回到赣州。尽管马不停蹄，忙着指挥打仗，在后方依然坚持与来学的弟子讲学不辍，也关心侄儿们的读书情况。

王正思是阳明最看重的侄儿，也是下一辈中较有出息的。他后来考中进士，任中顺大夫，知建宁府事，还有著作行世。据日本人高濑武次郎的《参拜日记》所载，民国初年，余姚城内还存有旌表王正思的进士牌楼，与王华的"状元"牌楼、王阳明的"会魁"牌楼同一格式，另外还有一块"德勋坊"，旌表的是"侍读学士吏部尚书王华"、"柱国尚书封新建伯王守仁"、"诰封郎中诏赐进士王守和"、"刑部郎中领建吏部王正思"，足见其成就。

此信说得谦逊、平实，以自己的人生阅历感触来鼓励侄儿志存高远，亲师取友，要明确读书是为了自己德行的长进，而不仅仅是科举功名。再忙也要坚持学习、讲论，不要被习俗陋见所污染，这样才不会辜负了家族的寄望，不辜负青年时期的好光景。

我们由此信可真切感受到，王阳明的最大心愿并非世俗的功名，而是归卧林泉，教导子弟，只可惜上天给他的时间太少了。

寄诸弟

屡得弟辈书，皆有悔悟奋发之意，喜慰无尽！但不知弟辈果出于诚心乎？亦谩①为之说云尔？

| 今译 |

接连收到弟弟们的信，每封信都表达出因为后悔而觉悟、而振作的意思，我感到非常欣慰。只是不知道弟弟们的后悔、觉悟和振作是发自内心呢，还是只是随便说说？

| 简注 |

① 谩：通"慢"，随便，胡乱。

本心^①之明，皎如白日，无有有过而不自知者，但患不能改耳。一念改过，当时即得本心。人孰无过？改之为贵。蘧伯玉^②，大贤也，惟曰"欲寡其过而未能"^③。成汤^④、孔子，大圣^⑤也，亦惟曰"改过不吝"^⑥"可以无大过"^⑦而已。人皆曰："人非尧舜，安能无过？"^⑧此亦相沿之说，未足以知尧舜之心。若尧舜之心而自以为无过，即非所以为圣人矣。其相授受之言曰："人心惟危，道心惟微，惟精惟一，允执厥中。"^⑨彼其自以为人心之惟危也，则其心亦与人同耳。危即过也。惟其兢兢业业^⑩，尝加"精一"之功，是以能"允执厥中"而免于过。古之圣贤，时时自见己过而改之，是以能无过，非其心果与人异也。"戒慎不睹""恐惧不闻"^⑪者，时时自见己过之功^⑫。

今译

人心的本然状态就像太阳一样皎洁无瑕、明明白白，这样的心一旦出现什么过错，不可能自己会不知道，只怕知道错了而不改。知道错了马上改，在你改错的当下那一念之间，也就立即恢复了心的本然状态。人哪有不犯错误的呢？最可贵的是能改正错误。蘧伯玉是大贤人了，也只是说："我想让自己少犯些错误，却未能做到。"成汤、孔子，他们是大圣人，但也只是说："改正错误的态度要坚决，不能犹豫"，"可以不犯大的错误了"。人们都说："人不是尧舜，哪里能不犯错误呢？"这其实是人云亦云，持这种说法的人并不知道尧舜等圣人的心。如果尧舜他们认为自己根本就不会犯错误，那他们也就不再是圣人了。要知道，尧舜相互传授的心法要诀就是："人心惟危，道心惟微，惟精惟一，允执厥中。"可见，圣人自己也认为人心充满了欲求、计较，所以很危险，这就说明圣人的心与常人也是一样的。"危"，即"过错"。做人做事一定要谨慎勤勉，时时刻刻克治心上的习气，恢复心的本然状态，这样才能做到不偏不倚，才是中正之道，才能避免错误。古代的圣贤，他们每时每刻都反省自己，知道错误又马上能改，所以才能时刻保持内心的本来状态，并非是因为圣贤的心不同于常人。他们在别人看不见的地方也总是小心谨慎，在别人听不见的地方也总是心怀敬畏，这才是时时刻刻能够觉察自己过错的功夫。

简注

① 本心：即良知。

② 蘧（qú）伯玉：名瑗（约前585—前484），字伯玉，谥成子，春秋时期卫国大夫。孔子对蘧伯玉有很高的评价，《论语·卫灵公》："君子哉蘧伯玉！邦有道则仕，邦无道则可卷而怀之。"把蘧伯玉当成当世著名的君子。

③ 欲寡其过未能：语出《论语·宪问》："蘧伯玉使人于孔子，孔子与人坐而问焉。曰：'夫子何为？'对曰：'夫子欲寡其过而未能也。'"寡，少。寡其过，减少

他的错误。

④ 成汤：即商汤（？—约前1588），姓子，名履。商王朝的建立者。是儒家认为的古代圣王之一。

⑤ 大圣：大圣人。在儒家学说中，对人的褒称有"圣人""贤人""君子"等多种名目。其中圣人是对一个人的最高赞誉，代表道德境界趋于极致。

⑥ 改过不吝（lìn）：语出《尚书·仲虺之诰》，（汉）孔安国《传》对此的解释是："有过则改，无所吝惜。"意指改正错误要毫不犹豫。

⑦ 可以无大过：语出《论语·述而》，意指可以不犯大的错误。

⑧ 人非尧舜，安能无过：中国古代的一句"俗语"，意思和现在常说的"人非圣贤，孰能无过"差不多。因为五帝中的尧、舜二帝长期以来被儒家视为人格的典范。所以，人非尧舜，就意味着每个人都有缺点，都会犯错。

⑨ 人心惟危，道心惟微，惟精惟一，允执厥中：语出《尚书·大禹谟》，意为："人的内心活动是危险的，道的内涵是精微的，体察道的精微，始终如一地遵守，如此，才是实实在在地秉承着那不偏不倚的中和之道。"危，指人心专欲求利违义生害而言。微，指道心微妙难见。精，精纯无私。一，专一。允，信。执：秉持。中：中庸，无过无不及。阳明在著作中曾多次引用这句话，用以表示修行的重要性。

⑩ 兢兢业业：谨慎认真。

⑪ 戒慎不睹、恐惧不闻：语出《礼记·中庸》："君子戒慎乎其所不睹，恐惧乎其所不闻。"（汉）郑玄《礼记注》："小人闲居为不善无所不至也，君子则不然，虽视之无人，听之无声，犹戒慎恐惧自修正，是其不须臾离道。"意指君子在别

人看不到听不到的地方也会戒慎恐惧。戒，警戒；慎，慎重；恐惧，畏惧。

⑫ 功：功夫。

吾近来实见此学有用力处，但为平日习染深痼①，克治②欠勇，故切切预为弟辈言之，毋使亦如吾之习染既深，而后克治之难也。人方少时，精神意气既足鼓舞，而身家之累③尚未切心④，故用力颇易。迨⑤其渐长，世累日深，而精神意气⑥亦日渐以减，然能汲汲奋志于学，则犹尚可有为。四十、五十，即如下山之日，渐以微灭，不复可挽矣。故孔子云："四十、五十而无闻焉，斯亦不足畏也已。"⑦又曰："及其老也，血气既衰，戒之在得。"⑧吾亦近来实见此病，故亦切切预为弟辈言之。宜及时勉力，毋使过时而徒悔也。

| 今译 |

　　我最近真正地体会到了这种修身之学有切实用功夫的地方，但是因为过去养成的不良习气太过根深蒂固了，又欠缺彻底克治的勇气，所以我现在急切地说给弟弟们，好让你们不至于像我一样，等到不良习气又深又厚时再加以克治，那就太难了。人在青少年时代，精气神容易激发振作，家庭的负累还不是非常紧迫，

所以做人做事容易发力。长大后世俗的牵累越来越重，精气神也逐渐衰减，但是如果能够急切地振作起来，一心一意地做圣贤学问，也还可以有所作为。人到了四五十岁，就像落山的太阳，精气神渐渐地就衰败了，那就很难挽回了。所以孔子说："人到四五十还没有对道有所体会，这个人也就不值得敬畏了。"孔子还说："到了老年，血气已经衰弱，应该戒贪。"我最近也真实地了解了这种病症，所以我也要郑重地预先说给弟弟们知道。应该趁年轻多加努力，不要因为虚度年华而落得将来后悔。

简注

① 深痼：长期养成的坏习惯。

② 克治：克制自己的私欲邪念。

③ 身家之累：家庭的负累。

④ 切心：犹言痛彻。

⑤ 迨（dài）：等到。

⑥ 精神意气：指人的精气、元气。

⑦ 四十、五十而无闻焉，斯亦不足畏也已：语出《论语·子罕》，意为一个人如果到四五十岁了还没有对道有什么体会，那他就不值得被其他人敬畏了。

⑧ 及其老也，血气既衰，戒之在得：语出《论语·季氏》，意为人一旦到了老年，血气衰弱，就要警戒贪得之心的增长和坚固。

实践要点

　　此信写于正德十三年（1518），这年四月，阳明基本结束剿匪工作。在过去一年多时间里，是他一生极为重要的一个转折时期。他迅速平定赣、湘、闽、粤四省交界地区长期的匪乱，因而声誉日隆，升官荫子，但身体也日益羸弱，时受病痛折磨。又思亲心切，欲尽早归乡与家人团圆，朝廷却迟迟不予放归。这段时间里，爱徒兼妹婿徐爱的离世，让他有"吾道益孤"之叹。但这些悲抑愁绪又被他再一次转化为磨炼心志的助力，自谓"来日因兵事纷扰，贱躯怯弱，以此益见得工夫有得力处"。他也以此心得来告诫弟子和弟弟们，要求他们在日用之间勇猛克治习染的遮蔽，复还皎如白日的本心之明。

　　他曾告诉弟子："破山中贼易，破心中贼难。"所谓破心中贼，就是这信里的主题——"改过"，其要点如下：

　　一、诉诸本心的自觉，一旦警觉到过失，当下就改正过来。

　　二、圣贤之为圣贤，不在于没有过失，而在于自知己过，能时时警觉，将过失扼杀于萌芽（意念）状态。

　　三、纠正过失要趁早，最好是当下、即时，时间长了，年纪大了，只会越陷越深，那时就来不及了。

　　今人多患"拖延症"，不积极、及时处理事务，最后越积累、越焦虑，越无力去改变。阳明心学的强调即时行动，首先就是针对人性中的积习，及时发觉，当下修正，不留后患，是何等的斩截利落！当然，其动源还是来于那光明的内心。

清代中兴名臣曾国藩（1811—1872），与王阳明一样，都是文韬武略的理学名臣，但他年轻时毛病一大堆：偏激、躁动、虚伪、自以为是、好名、好利、好色、有不良嗜好、无恒心等等，后来他深刻反省，痛下决心改过，在师友的督促下，立下诚、敬、静、谨、恒五门主修功课，并每天以日记为监督，以慎独的高标准，以血战的气概和截断后路的勇气，改掉了许多毛病，比如做到早睡早起，生活规律，兢兢业业，克己奉公，夜晚不出门应酬，坚持天天读书和写日记的好习惯，日记写到自己生命的最后一天，也就是建立了自己的一套终身行之有效的改过迁善的修身方法，最终也成就了一番功业，而且严于治家，世代子孙名贤辈出，书写了近代中国家族史传奇。

示弟立志说

予弟守文①来学，告之以立志。守文因请次第②其语，使得时时观省；且请浅近其辞，则易于通晓也。因书以与之。

| 今译 |

我弟弟守文来问我做学问的方法，我告诉他做学问首先要立志。守文因此请我把关于立志的话有条理地写出来，以便他随时对照反省；并且请我写的时候用词浅显一些，这样才便于理解。因此我就写了这篇文章交给他。

| 简注 |

① 守文：王守文，阳明的三弟。

② 次第：排比编次，意即把阳明说的话整理出来。

夫学，莫先于立志。志之不立，犹不种其根而徒事培拥灌溉，劳苦无成矣。世之所以因循苟且^①，随俗习非^②，而卒归于污下^③者，凡以志之弗立也。故程子^④曰："有求为圣人之志，然后可与共学。"^⑤人苟诚有求为圣人之志，则必思圣人之所以为圣人者安在。非以其心之纯乎天理^⑥而无人欲^⑦之私？圣人之所以为圣人，惟以其心之纯乎天理而无人欲，则我之欲为圣人，亦惟在于此心之纯乎天理而无人欲耳。欲此心之纯乎天理而无人欲，则必去人欲而存天理。务去人欲而存天理，则必求所以去人欲而存天理之方。求所以去人欲而存天理之方，则必正诸先觉^⑧，考诸古训^⑨，而凡所谓学问之功者，然后可得而讲，而亦有所不容已矣。

| 今译 |

做学问，最要紧的是先立志。志向不立起来，就像一棵没有根的树，给一棵没有根的树培土浇水，怎样劳苦也不会有什么收获。世上一些人为什么会因循守旧、得过且过，被习俗牵着鼻子走，不干正事儿，一辈子平庸下流，就是因为从小没有立起远大的志向。所以程先生说："一个人有了追求做圣贤的志向，这样的人才值得和他一同学习。"一个人如果真的有了追求做圣贤的志向，那么他一定会思考，圣贤

之所以成为圣贤的关键因素是什么？是不是圣贤的心和天理一样纯粹，纯粹得没有了过分的私念？圣贤之所以成为圣贤，仅仅是因为圣贤的心和天理一样纯粹，纯粹得没有了过分的私念，那么我想做圣贤，我也只有克治自己心中的私念，让自己的心纯粹得和天理一样。要把自己的心净化得没有了私念，净化得和天理一样纯粹，方法只有克治心中的私念，没有了私念的心就是天理。要克治私念，同时要心存天理，就需要找到一个克治私念和心存天理的方法。找到了这个克治私念和心存天理的方法后，要把这个方法与已经觉悟了的圣贤使用过的方法进行对比校正，对比校正的方法是求证于圣贤留下来的经典。经过这样的学习求证，所谓学问的功夫才能够与别人讲论，而与别人讲论也是有不得不然的原因。

简注

① 因循苟且：沿袭旧的规矩，敷衍应付。

② 随俗习非：跟着大众习染了坏习惯。

③ 污下：卑下，鄙陋。

④ 程子：指北宋年间的程颢、程颐兄弟。程颢 (hào)（1032—1085），字伯淳，世称明道先生。程颐 (yí)（1033—1107），字正叔，世称伊川先生。河南洛阳（今河南省洛阳市）人，二程都是著名儒者，程朱理学的奠基人，对朱熹、王阳明的学说产生了巨大影响，著有《二程遗书》。

⑤ 有求为圣人之志，然后可与共学：语出《二程遗书》，意思是：只有那些立志想当圣贤的人，才是可以一起学习的人。

⑥ 天理：宋明理学的基本范畴。广义指宇宙间的普遍法则，狭义指社会的伦理规则，与"人欲"相对立。阳明倡导"良知即是天理"（《与马子莘书》），指出天理即存在于人心中，寻求天理只需发明本心，不假外求。

⑦ 人欲：宋明理学的基本范畴。原指人的欲望，但在宋明时代的理学话语中，人欲一般是指追求自我私利的"私欲"。一个人，如果跟随着自己的欲望行事而不知克制，将毫无疑问地趋向堕落。因此，他们大力倡导"存天理，灭人欲"。

⑧ 先觉：觉悟早于常人的人，这里是指历代得道的圣贤。

⑨ 古训：古代流传下来的典籍，这里指儒家经典。

　　夫所谓正诸先觉者，既以其人为先觉而师之矣，则当专心致志，惟先觉之为听。言有不合，不得弃置，必从而思之；思之不得，又从而辨之，务求了释，不敢辄生疑惑。故《记》曰："师严，然后道尊；道尊，然后民知敬学。"①苟无尊崇笃信之心，则必有轻忽慢易②之意。言之而听之不审③，犹不听也；听之而思之不慎，犹不思也；是则虽曰师之，犹不师也。

| 今译 |

　　所谓与已经觉悟了的圣贤使用过的方法进行对比，我们既然以觉悟了的圣贤

做老师，就要专心致志听从圣贤的话。如果对圣贤说的有什么不理解的，不要轻易放弃，必须按照圣贤所说的认真思考；深思熟虑后还弄不明白，就要多方求证，进行辨别，一定要弄明白，不要动不动就加以质疑。所以《礼记·学记》上说："师严，然后道尊；道尊，然后民知敬学。"如果对老师没有尊崇和坚信之心，对老师就会有轻视、忽略和怠慢的心理。老师说的话如果不认真听，那也等于没听；听了却不仔细思考，那还等于没有思考；这样，虽然名义上把先觉悟的人当老师了，其实等于根本没有师从他们。

| 简注 |

① 师严，然后道尊；道尊，然后民知敬学：语出《礼记·学记》。意思是：老师受尊重，道的地位才会崇高；道的地位崇高，老百姓才会知道敬重学问。

② 轻忽慢易：轻视忽略。轻、忽、慢、易，都有轻视的意思。

③ 不审：不慎重，不周密。

夫所谓考诸古训者，圣贤垂训，莫非教人去人欲而存天理之方，若五经、四书①是已。吾惟欲去吾之人欲，存吾之天理，而不得其方，是以求之于此，则其展卷之际，真如饥者之于食，求饱而已；病者之于药，求愈而已；暗者之于灯，求照而已；跛者之于杖，求行而已。曾有徒事记诵讲说，以资口耳之弊哉！

所谓求证于古人的训诫，是指圣人、贤人说过的话，无一不是教人去除私欲而保存天理的方法，像五经、四书，就都是类似言语的记录。当我想去除自己的私欲而保存人性中的天理成分的时候，假如找不到好的方法，就必然会到五经、四书里去求索。而一旦我打开书，就像饿肚子的人想要吃饭一样，只求能吃饱；就像病人需要药一样，只求能治病；就像黑夜需要灯一样，只求能得到光明；就像瘸脚者需要拐杖一样，只求能够行动。但对于那种只求牢记熟诵，然后袖手高论的人来说，阅读圣人的语录，不过是助长他们沉溺于空谈的弊端罢了。

| 简注 |

①五经、四书：儒家经典著作。五经指《周易》《尚书》《诗经》《礼经》《春秋》；四书指《大学》《中庸》《论语》《孟子》，此处以"五经四书"泛指儒家经典。

夫立志亦不易矣。孔子，圣人也，犹曰："吾十有五而志于学，三十而立。"①立者，志立也。虽至于"不逾矩"，亦志之不逾矩也。志岂可易而视哉！夫志，气之帅也，人之命也，木之根也，水之源也。源不浚②则流息，根不植则木枯，命不续则人死，志不立则气昏。是以君子之学，无时无处而不以立志为事。正目而视之，无他见也；倾耳而听之，无他闻也。如猫捕鼠，如鸡覆卵，精神心思凝聚融结，而不复知有其他，然后此志常立，神气精明，义理昭著。一有私欲，即便知觉，自然容住不得矣。故凡一毫私欲之萌，只责此志不立，即私欲便退；听一毫客气③之动，只责此志不立，即客气便消除。或怠心生，责此志，即不怠；忽心生，责此志，即不忽；懆④心生，责此志，即不懆；妒心生，责此志，即不妒；忿心生，责此志，即不忿；贪心生，责此志，即不贪；傲心生，责此志，即不傲；吝心生，责此志，即不吝。盖无一息而非立志责志之时，无一事而非立志责志之地。故责志之功，其于去人欲，有如烈火之燎毛，太阳一出，而魑魅⑤潜消也。

| 今译 |

　　立志也是不容易的呀。孔子，公认的圣人，也曾经讲过："我十五岁开始发奋学习，到了三十岁才真正立志。"所谓"立"，就是真正确立了志向了。后来孔子又

说自己到了七十岁能从心所欲，不逾越规矩，其实也是他的志向不逾越规矩的意思。所以我们怎么能轻视志向的意义呢! 志向，是一个人身体精气的统帅，是人的性命，是树木的根本，是活水的源头。源头被堵住了，流水也就没了；树木的根本得不到培护，树木就会死；人的性命得不到延续，人就会死去；志向如果没有确立，人的气质就会浑浊昏昧。所以君子之学，无时无处不把立志当成最重要的事情。眼睛认真看，不关注其他的事物，耳朵认真听，不关注其他的声响。就像猫抓老鼠、母鸡孵蛋一样，精神心思完全凝聚到这个点上，而不知有其他的事情，只有这样，志向才会树立起来，神气才会精明，天理才会昭显。在这种情况下，私欲一旦发动便会觉察，自然也就容不下它了。所以凡是有私欲起来的，都应该反思自己的志向有没有牢固地树立起来，这样私欲便会退去；凡是有杂染不正的情绪产生的，都应该反思自己的志向有没有牢固地立起来，这样情绪便会消除。其他像懒惰之心，轻忽之心，躁动之心，嫉妒之心，贪婪之心，骄傲之心，吝啬之心等等，也都可以通过反思自己的志向有没有树立起来，从而消除它们。总之就是应该没有一刻不在关注自己的志向，没有一件事情不在关注自己的志向。对于去除私欲来说，反思自己志向的功效就像大火烧毫毛一样，太阳一出，所有的鬼怪就会自然消失了。

| 简注 |

/

① 吾十有五而志于学，三十而立：语出《论语·为政》："子曰：'吾十有五而志于学，三十而立，四十而不惑，五十而知天命，六十而耳顺，七十而从心所欲

不逾矩。'"这是孔子对自己一生的回顾，大意是：我十五岁就立志向学，三十岁能够自立，四十岁遇到事情不再感到困惑，五十岁而乐知天命，六十岁时能听得进各种不同的意见，七十岁可以随心所欲，而又不超出规矩。

②浚（jùn）：疏通。

③客气：杂染不正之气。客，外来的，指不是发自本心的。

④懆（sǎo）：忧虑不安。

⑤魍魉（wǎng liǎng）：古代传说中的鬼怪。

自古圣贤因时立教，虽若不同，其用功大指无或少异。《书》谓"惟精惟一"①，《易》谓"敬以直内，义以方外"②，孔子谓"格致诚正，博文约礼"③，曾子谓"忠恕"④，子思谓"尊德性而道问学"⑤，孟子谓"集义养气，求其放心"⑥，虽若人自为说，有不可强同者，而求其要领归宿，合若符契。何者？夫道一而已。道同则心同，心同则学同。其卒不同者，皆邪说也。

| 今译 |

从前的圣贤都是根据不同的情况设立自己的实践方法，虽然看起来各不相同，但其用功的主旨方向却是一致的。《尚书》说"惟精惟一"，《易经》说"敬以

直内，义以方外"，孔子说"格致诚正，博文约礼"，曾子说"忠恕"，子思说"尊德性而道问学"，孟子说"集义养气，求其放心"，虽然每个人各有各的表达，有其不能强求一致的地方，但其中的关键和方向都是一样的。这是为什么呢？因为道是同一的。天道同，人心则同；人心同，则学问亦同。那些本质上与此不同的学说，都不过是异端邪术罢了。

简注

① 惟精惟一：语出《尚书·大禹谟》。大意指用功精深，用心专一。精，用功精深；一，专心。

② 敬以直内，义以方外：语出《周易·坤·文言》。大意是：用敬矫正内在的思想，用义规范外在的行为。

③ 格致诚正，博文约礼：所谓"格致诚正"，即《大学》八目"格致诚正修齐治平"中的正心、诚意、格物、致知。原文为："古之欲明明德于天下者，先治其国；欲治其国者先齐其家；欲齐其家者先修其身；欲修其身者，先正其心；欲正其心者，先诚其意；欲诚其意者；先致其知；致知在格物。"大意是：古代想要将高尚的德行弘扬于天下的人，先要治理好自己的国家；想要治理好自己国家的人，先要管理好自己的家庭；想要管理好自己家庭的人，先要修养好自身的品德；想要修养好自身品德的人，先要端正自己的内心；想要端正自己内心的人，先要使自己的意念真诚；想要使自己意念真诚的人，先要实践扩充自己的良知；实践扩充自己的良知的途径在于随事体察和纠正心念。（此处"致知"和"格物"

的解释是按照王阳明的说法。)"博文约礼"语出《论语·雍也》:"君子博学于文,约之以礼,亦可以弗畔矣夫!"大意是:君子广泛地学习和实践,并且用礼来约束自己,也就可以不离经叛道了。

④ 忠恕:语出《论语·里仁》:"子曰:'参乎!吾道一以贯之。'曾子曰:'唯。'子出,门人问曰:'何谓也?'曾子曰:'夫子之道,忠恕而已矣。'"大意是:孔子说:"我的学问贯通为一。"曾子解释说:"老师的学问,忠恕两个字罢了。"

⑤ 尊德性而道问学:语出《礼记·中庸》:"君子尊德性而道问学。"大意是:君子既要尊重与生俱有的善性,又要经由学习、存养发展善性。子思,孔子的孙子,曾子的学生,被认为是《中庸》一书的作者。

⑥ 集义养气,求其放心:"集义",语出《孟子·公孙丑上》:"集义所生者,非义袭而取之也。"朱熹《孟子集注》谓:"集义,犹言积善,盖欲事事皆合于义也。""养气",语出《孟子·公孙丑上》:"我善养吾浩然之气。""养气说"是孟子修身论的重要组成部分,为阳明先生所推崇,它指的是培养人的内在品德,和中医"养气"之说并不相同。"求其放心",语出《孟子·告子上》:"学问之道无他,求其放心而已矣。"大意是:学问之道没有别的什么,不过就是把那失去了的本心找回来罢了。放,放任。

后世大患，尤在无志，故今以立志为说。中间字字句句，莫非立志。盖终身问学之功，只是立得志而已。若以是说而合精一，则字字句句皆精一之功；以是说而合敬义，则字字句句皆敬义之功。其诸"格致"、"博约"、"忠恕"等说，无不吻合。但能实心体之，然后信予言之非妄也。

今译

后世之人的大毛病，主要是在没有志向，所以我今天特地写这篇"立志说"。中间一字一句，都是和立志相关的。因为人一生求学的功夫，也只是能够立志而已。如果把我所说和"精一"对照，则一字一句都是"精一"的功夫；如果把我所说和"敬义"对照，则一字一句都是"敬义"的功夫。其他像"格致"、"博约"、"忠恕"等说，也都和我这里说的相符合。你如果能真实体会，就会相信我讲的都是真的。

实践要点

这篇文章写于正德十年（1515），因弟弟王守文之请而写的，讲的是如何树立志向。王阳明最看重志向，他自幼就树立了成圣贤的志向。小时候问私塾老

陽明夫子像讚

執肯夫子之形執傳夫子之神
形有涯而有盡神無方而無垠
執古執存執陳執觀萬物皆
備於我而自足千聖不離於心
而可循反身而觀見夫烱然者
不容以贗是謂本來面目廉義
不失夫子之真

嘉靖甲寅至日
門人王畿百拜撰

王畿手书《阳明夫子像赞》

浙江余姚王阳明故居

王阳明手迹"家传词翰"

王阳明家书《寄正宪男手墨》

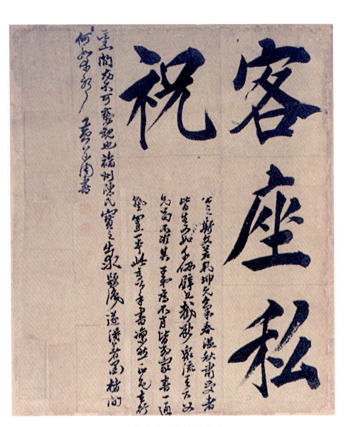

阳明手书《客座私祝》

《客座私祝》局部

本书编注者家祠石刻王阳明《示宪儿》

南京兵部職方司郎中文公畿

王畿画像

邹守益墓

邹守益手书匾额

明 薛大行侃公像

薛侃画像

薛氏家庙

师什么是"人生第一等事"，老师回答说：就是读书科举做官。阳明反驳说不然，"读书成圣方为第一等事！"这不平凡的志向让老师惊愕不已。你立什么志，决定了你成为什么样的人。西方"唯意志论"哲学家叔本华说："人虽然能够做他所想做的，但不能要他所想要的。"说的是人的意志力是自作主宰的，阳明的立志，也庶几近之。

志者，心之所之也。它是生命追求的内在驱动力，阳明形容为"气之帅、人之命、木之根、水之源。"早在贵州龙场时，他就写了《教条示龙场诸生》，定下四条规训：立志、勤学、改过、责善。立志是放在首位的，并开宗明义点出："志不立，天下无可成之事。"

在这篇文字中他依然强调：学莫先于立志。立的是成圣贤的志。这样才不能沦为平庸之辈。具体说来就是让心纯粹地向着天理，去除掉私欲。需注意的是这里的私欲指的是不正当的感性欲望，"纯乎天理"就是让内在的道德理性提振起来，洞察、消融、净化人性中的种种偏私陋习。阳明并没有夸大主观意志的作用，以为立志后就一劳永逸。他强调的是"正诸先觉、考诸古训"的作用，即明师和圣贤经典的引领。因为对于初立志或立志不笃的人来说，他们内心是没有依靠的，需要一个先知先觉者来护持他们。正确的态度应该是虚心去听取，思考，再辨明，不要一开始就质疑，才能养出"尊崇笃信"的志向。

在阳明看来，家庭最理想的状态是父子兄弟共同立下成圣贤的志向，互相成全。他有个潮州学生叫黄梦星，他父亲从当地读书人那里听闻过阳明的学说，心向往之，但年事已高，未能亲往求学，只能命儿子去绍兴师从阳明，还说："我老了，我不希望你考科举，只希望你能一闻夫子之道。我就算啜粥饮水，死填沟垦，也心满意足了。"黄梦星为了侍父事师两不误，多次不远万里，往返于浙江、广东之间，令阳明十分感动，亟称黄氏父子"诚心一志"，做父亲的能"以圣贤之学督教其子"，做儿子的能成全父亲的志向，是真正的父慈子孝。

近代享誉国际的平民教育家和乡村建设家晏阳初（1890—1990），他后来虽皈依基督教，但童年时就立下儒家修齐治平的远大志向：

> 我读的古书，虽然有限，但它们都悄悄地在我幼小的心田中，埋下一粒微妙的火种，要经过一二十年，我才发现它的存在和意义。那是什么呢？就是儒家的民本思想和天下一家的观念。平民教育运动、乡村建设运动，不论在中国，或是在海外，都是民本思想的实践，而以天下一家为最高宗旨。幼年的教育，也深深地影响了我的人生观。天天向"天地君亲师"的牌位磕头，日日夜夜对着这牌位，口诵修身、齐家、治国、平天下的誓言，尽管那套大道理，不甚了，脑袋里还是装满了它。我很早就有"忧以天下乐以天下"的壮怀，似乎以此为当然。个人、家、国、天下，既是一脉相连读书人的理想，大则为民从政，小则显亲扬名，实际上两者是一回事。也就是功名致仕，其极致是为一国之相。科举未废除前，我也做过这样的梦。现在回想觉得有点可笑，但也可见我自幼心高好强，具有治国平天下的豪志，平民教育、乡村改造，都是放眼世界的运动，和我小时的理想，可说是殊途同归。（《早期经验与影响》，摘自《晏阳初文集》，四川教育出版社，1990年版）

与弟伯显①

　　比闻吾弟身体极羸弱，不胜忧念。此非独大人日夜所彷徨，虽亲朋故旧，亦莫不以是为虑也。弟既有志圣贤之学，惩忿窒欲，是工夫最紧要处。若世俗一种纵欲忘生之事，已应弟所决不为矣，何乃亦至于此？念汝未婚之前，亦自多病，此殆未必尽如时俗所疑，疾病之来，虽圣贤亦有所不免，岂可以此专咎吾弟。然在今日，却须加倍将养，日充日茂，庶见学问之力果与寻常不同。吾固自知吾弟之心，弟亦当体吾意，毋为俗辈所指议，乃于吾道有光也。不久吾亦且归阳明②，当携弟辈入山读书讲学，旬日始一归省，因得完养精神，熏陶德性，纵有沉疴③，亦当不药自愈。顾今未能一日而遂言之，徒有惘然，未知吾弟兄终能有此福分否也？来成去，草草，念之！长兄阳明居士书，致伯显贤弟收看。

/

　　近来常听说弟弟身体不好，使我十分挂念。这件事，不只是老父亲日夜在为你彷徨不安，即使是其他亲戚朋友，也纷纷对此感到忧虑。弟弟既然有志于圣人之学，那么，克制情绪和欲望，就是工夫最要紧的地方。像社会上那一类放纵欲望不珍惜自己的生命的事，弟弟应该绝不会做的，怎么还会沦落到今天这步田地呢？不过，想到你结婚之前已经体弱多病，所以，你的问题也许不像世俗所说的那样，是纵欲导致的。疾病的到来，虽圣贤也难以避免，怎么可以因为它就专门责怪你呢？但从现在开始，你就要加倍保养，每天充实自己，这才可以显示学问的作用真的与平常俗事不同。我当然知道弟弟的心意，弟弟也应该理解我的想法，不要去做会招致流俗非议的事，才是给我们的圣贤事业增添光彩。不久后我也会回到阳明山，那时会带着你们到山里去读书讲学，十来天才回家一次，这样你就可以借机调养精神，熏陶德性，即使有严重的疾病，也会不吃药就痊愈的。只是想到我们现在连有一天好好说话的时间都没有，不禁徒感惘然，也不知道我们兄弟最终能不能有这个福分了。匆匆写了这封信，由来成带去，心中挂念。大哥王阳明书，给伯显弟收看。

| 简注 |

/

　　① 伯显：即王阳明之弟王守文。关于王阳明的同辈兄弟，其门人薛侃《同门轮年抚孤题单》记："先师阳明先生同祖兄弟五人：伯父之子曰守义、守智，叔

父之子曰守礼、守信、守恭。同父兄弟四人：长为先师，次守俭、守文、守章。"阳明多次在信中提及他们的兄弟们，可见他身为大家长的责任感。

② 阳明：此处指会稽（今浙江绍兴）阳明洞天。

③ 沉疴：重病。

| 实践要点 |

在阳明先生的兄弟辈中，三弟王守文（家族排名第十）大概是和先生交流最多的一位。只是从历史上看，阳明先生的这位弟弟似乎颇为平庸，以致未能在国史、方志等文献中留下多少可用以考察其生平的材料。我们对其为人的了解，主要就是通过阳明先生的家书。在阳明先生的文集中，还有《守文弟归省携其手歌以别之》一诗，所谈内容可与这封信相互补充：

尔来我心喜，尔去我心悲。不为倚门念，吾宁舍尔归？长途正炎暑，尔行慎兴居（生活起居）。凉茗（茶）勿频啜，节食但无饥。勿出船旁立，忽登岸上嬉。收心每澄坐，适意时观书。申洪皆冥顽，不足长嗔答。见人勿多说，慎默真如愚。接人莫轻率，忠信持谦卑。从来为己学，慎独乃其基。纷纷多嗜欲，尔病还尔知。到家良足乐，怡颜（和悦的容颜）报重闱（指父母）。昨秋童蒙去，今夏成人归。长者爱尔敬，少者悦尔慈。亲朋称啧啧，羡尔能若兹。信哉学问功，所贵在得师。吾匪崇外饰，欲尔沽名为；望尔日惿惿（努力认真的样子），圣贤以为期。九兄及印弟，诵此共勉之。

阳明先生写给家中子弟的文章有一个特点，就是特别生活化，从来不做高而不切之论。他虽然以"心即理""拔本塞源""致良知"等观念引起中晚明思想界的极大震动。但在给家人的书信、诗歌里，他很少使用形而上的学术语言，只是有针对性地提醒要在日常事务上用力，希望亲人们听从劝诫，由此走上圣贤之路。阳明先生给王守文的话，翻来覆去就是谈两个方面的问题：一个是鼓励弟弟确立成圣成贤的志向；一个告诫弟弟要注意身体，克制欲望。第一个方面我们在《示弟立志说》的"实践要点"里已经详细讲了，这里讲第二方面。

此信写于正德十一年（1516），从这信看出，王守文的身体不好引致了周围人的猜疑和非议，他们觉得王守文是婚后在男女之事上不知节制才导致体弱多病。阳明则为弟弟开脱："念汝未婚之前，亦自多病。"这体现了一位兄长的宽厚。但是，无论是在《与弟伯显札》还是《守文弟归省携其手歌以别之》，他最终还是提到了要王守文不可纵欲，可见所谓外人猜疑，亦绝非空穴来风。传统的儒家一直对人的欲望问题保持高度的紧张。他们并不绝对压制欲望，毕竟"饮食男女，人之大欲存焉"。孔子也讲究"食不厌精，脍不厌细"，也承认"吾未见好德如好色者"。但是，儒家又主张人不能无节制地满足自己的欲望，认为这样会使人走向毁灭。早期儒家特别讲"克己复礼"，就是想利用"礼"来约束社会中的个人言行。而到了宋明时期，"理"的重要性又得到前所未有的强调。理学家认为，天地间一切事物均有其本源、亦均有其运转的法则，这就是"理"。遵循"理"，人就能保证自己处在正确的状态中，而一旦行事超越了"理"的限度，就可能陷溺在一己私欲里，有损道德。身在儒家传统之中的王阳明自然也认为弟弟应该克制欲望，以达于圣人之道。

这一"存天理，灭人欲"的观念在近代以来遭到了很多人的批判，认为它戕害了人性的自由发展，这是不公正的。事实上，古往今来，没有任何一个社会能够容许人无休止地追求自己的欲望。因为很多时候，人的欲望不仅关乎自己，也关乎他人。当自己的欲望与他人发生冲突时，满足自己就意味着伤害他人，这是很浅显的道理。"灭人欲"所要"灭"的，只是一部分超出社会纲常的、不受控制的欲望，而不是人性的合理诉求。

除此之外，阳明劝说弟弟克制欲望，还有养生方面的考虑。中国传统的儒家、道教（阳明和道教渊源亦颇深）学说，由于关注的更多是在当下现实，因此都特别在意对个人身体的保养。俗话说："身体是革命的本钱。"要成圣成仙，没有一个好的身体打底是很难想象的。而儒、道二家均认为，一味追求欲望的满足，最后只会损伤自己的身体。

今天的中国人生活在一个个"欲望都市"当中，对这样的观点其实更容易理解。现代人的病痛往往不源自匮乏，而来自多余。比如饮食，大鱼大肉、甜品饮料，这些在旧社会中难得的享受成了今日年轻人的致病根源。肥胖、痛风、糖尿病等在过去被视为"富贵病"的症状越来越常见，且患者呈现出年轻化的趋势。又比如，空调的出现满足了人们对"冬暖夏凉"的要求，但长时间居处室内，也不利于身体免疫能力的提高。之前说过，阳明先生出生显宦之家，自小就受到绅士阶层安逸讲究的生活方式的诱惑。他可以凭借过人的自制力摆脱这些不良风气的影响，他的兄弟们却未必。事实上，王家除了他这个奇才之外，其余三位弟弟都没有取得很好的功名。这跟他们陷溺在欲望之中，以致无法拥有一个强健的身体是有关系的。

与弟伯显札

 　　此间事汝九兄①能道，不欲琐琐。所深念者，为汝
资质虽美，而习气②未消除；趣向虽端，而德性未坚定。
故每得汝书，既为之喜，而复为之忧。盖喜其识见之明
敏，真若珠之走盘③；而忧其旧染之习熟，或如水之赴
壑也。汝念及此，自当日严日畏，决能不负师友属望之
厚矣。此间新添三四友，皆质性不凡。每见尚谦④谈汝，
辄啧啧称叹，汝将何以副之乎？勉之勉之。闻汝身甚羸
弱，养德养身，只是一事。但能清心寡欲，则心气自当
和平，精神自当完固矣。余非笔所能悉。
 　　阳明山人书寄十弟伯显收看。
 　　印官⑤与正宪读书，早晚须加诱掖奖劝，庶有所兴
起耳。

┃ 今译 ┃

　　这里发生的事你九哥会告诉你，我就不多说了。我每天想得比较多的倒是，

弟弟你虽然天资卓越，但身上一些不良的习气还未消除；虽然志向端正，但是德性还不够坚定。所以每次收到你的来信，我总是既为你高兴，又为你担忧。高兴的是你聪明机敏，心念就像珠子在玉盘里游走那样毫无障碍；担忧的是你身上那些以前就存在的不良习气，会随着时间的推移，像水往低处流一样变得习惯成自然。你面对这种情况，一定要心生警惕，每天都严格地要求自己，千万不能辜负师友对你的殷切期望。我在这里新结识了三四位学友，他们都秉性美好，气质出众。尚谦每次说起你，总是啧啧称赞。你要怎么做才能配得上人家的这种称赞呢？要努力啊！听说你身体非常虚弱。道德的养成与身体的调养其实是一回事。一个人如果能够做到清心寡欲，那么志气和心态一定会变得平正和谐，精神也就自然而然地饱满充沛起来。还有其他的一些事项，但那不是一封信所能说得明白的。

阳明山人，写予十弟伯显收看。

守章与正宪正在读书学习，每天都需要对他们加以引导提携、鼓励劝说，只有这样他们才能有所触发，进而奋力向上。

| 简注 |

① 九兄：指王守俭。

② 习气：习惯；习性。后多指逐渐形成的不良习惯或作风。

③ 真若珠之走盘：像珠子在盘中滚动。此处比喻心念思想灵敏活泼、运用无碍。

④ 尚谦：薛侃（1486—1546），字尚谦，广东揭阳人，阳明弟子，正德九年（1514）在南京拜阳明为师，是《传习录》最早的刊刻者。

⑤ 印官：指王守章。"官"是明代对男孩子的雅称。

| **实践要点** |

此信也是写于正德十一年（1516）。可见阳明对这个身体羸弱的弟弟王守文寄予厚望。阳明善于鼓励教育，言辞间颇见其用心，尽量从正面肯定弟弟资质明敏，用他人正面评语来勉励他，又反复提醒他注意反省生活习惯，暗讽节制欲事养好身体。

信中提到的"养德养身，只是一事"，是阳明的一贯主张，他在给学生陆原静的信中也说："大抵养德养身，只是一事，原静所云'真我'者，果能戒谨不睹，恐惧不闻，而专志于是，则神住气住精住，而仙家所谓长生久视之说，亦在其中矣。"养德是儒家所重，养生为仙家所擅。品德养好了，身心自然会康健，亦符合阳明以儒统道的观念。

养身、养德不二，也是传统医学之养生要义。国医大师邓铁涛先生（1916—2019）的名言就是："养生先养心，养心先养德。大德者方得其寿。"因为高尚的道德情操可使人心情常保愉悦，心理健康；反之，道德败坏则会使人毁灭，多行不义必自毙。笔者拜访过邓老，其时已近百岁，精神矍铄，行动自如。他曾在访谈中说：

养生第一条要先养心，养心要先养德，道德是做人的底线，关系到整个社会的和谐。社会和谐了，你自己是最先受益的一个。再有，做人不要老是向上看，有时也要向下看，观上不足、观下有余，心安乐了，人也会健康些。

有句话说"知足者贫亦乐，不知足者富亦忧"，你说餐餐白菜豆腐无忧无愁的人，跟千万身家但天天提心吊胆的人相比，哪个更长命呢？如果老计较别人比自己多得了些什么好处，总想着"他为什么'捞'得到，我为什么就'捞'不到"，常生闷气又怎么能长寿？

另外，不要成天想占便宜怕吃亏，占不到便宜、吃了点亏就心里难受，更莫为了占人便宜干缺德事。像前段时间爆出的电话诈骗案，作案的人本身就心术不正，我看不会长寿。儒家提倡"德者寿""仁者寿""仁者爱人""老吾老以及人之老，幼吾幼以及人之幼"，这些都是精神层面的养生。（参见《广州日报》2019 年 1 月 10 日报道）

与弟书

乡人来者，每询守文弟，多言羸弱之甚，近得大人书，亦以为言，殊切忧念。血气未定，凡百须加谨慎^①。弟自聪明特达，谅亦不俟吾言。

┃ 今译 ┃

每次家乡有人来，我总要问问守文弟的情况，大多说守文身体非常虚弱，最近收到父亲的家信，也是这样说，为此我非常忧虑。你还年轻，气血还不稳定，无论做什么事儿，一定要小心谨慎。弟弟是个聪明通达的人，这样的事儿想来不需要哥哥再多说。

┃ 简注 ┃

① 血气未定，凡百须加谨慎：此处暗指《论语·季氏》所言"君子有之戒：少之时，血气未定，戒之在色……"，委婉地提醒守文节制男女之事。

向日所论工夫①，不知弟辈近来意思如何，得无亦少荒落否？大抵人非至圣，其心不能无所系著。不于正，必于邪；不于道德功业，必于声色货利，故必须先端所趋向，此吾向时立志之说也。趋向既端，又须日有朋友砥砺切磋，乃能熏陶渐染，以底②于成。弟辈本自美质，但恐独学无友，未免纵情肆志而不自觉。李延平③云："中年无朋友，几乎放倒了。"延平且然，况后学乎？吾平生气质极下，幸未至于大坏极败，自谓得于朋友挟持之力为多。古人"蓬麻之喻"④，不诬也。凡朋友必须自我求之，自我下之，乃能有益。若悻悻⑤自高自大，胜己必不屑就，而日与污下同归矣。此虽子张之贤，而曾子所以犹有"堂堂"之叹⑥也。

| **今译** |

之前我们讨论的做圣贤的功夫，不知道弟弟们近来有什么体会，不会有所荒废吧？一般来说，一个人如果还没有修炼到圣人的境界，这个人的心思就会放在其他具体的事物上，不是被引至正道，就必然陷于邪路；不是忙于道德学问和正经事业，就一定会热衷于酒色财气。所以一定要先端正人生的方向，这就是我往日跟你们说过的"立志"。人生的方向端正之后，又需要每天和朋友反复研讨，

互相勉励，经过长时间的熏陶感染，最终有所成就。弟弟们天生底子好，只是担心你们独学无友，未免在无意中放纵自己的感情，松懈自己的意志。李延平曾经说："我中年的时候因为没有朋友相互砥砺，几乎荒废了。"像延平先生这样的大贤尚且这样，何况晚辈后生呢？我天生资质不高，之所以侥幸没有堕落败坏，自己觉得，主要就是得益于朋友们的劝诫和扶持。古人用"蓬生麻中，不扶自直"来比喻朋友的作用，这是很正确的话。朋友一定要自己去找，自己去尽心诚意对待，这样才会得到他们的帮助。如果老是摆出一副刚愎自用、盛气凌人的样子，不愿意和比自己优秀的人交朋友，就会逐渐沦落到平庸甚至卑下的一类人中去。比如子张，虽然是孔子最出色的弟子之一，但他因为自己仪表堂堂就自高自大，因此招来曾子的感叹，说难以和子张这样的人互相辅助增长仁德。

| 简注 |

① 工夫：宋明理学中称涵养身心、践行道德以成圣成贤的修养方法及实践过程为工夫。

② 底：到达。

③ 李延平：李侗（1093—1163），字原中，宋代理学家，朱熹的老师，世称延平先生。

④ 蓬麻之喻：语出《荀子·劝学》："蓬生麻中，不扶而直。"意思是：蓬草长在大麻田里，不用扶持，自然挺直。比喻人处在良好环境中受到好的影响，就能健康成长。

⑤ 悻悻：傲慢的样子。

⑥ "堂堂"之叹：语出《论语·子张》："曾子曰：'堂堂乎张也，难与并为仁矣。'"指曾子感叹子张仪表堂堂，但务外自高，难于和他共行仁道。堂堂：形容容貌之盛。

石川叔公，吾宗白眉①，虽所论或不能无过高，然其志向清脱，正可以矫流俗污下之弊。今又日夕相与，最可因石川以求直谅多闻②之友，相与讲习讨论。惟日孜孜于此，而不暇及于其他，正所谓"置之庄、岳之间，虽求其楚，不可得矣"③。

| 今译 |

/

石川太叔是我们宗族老一辈里的翘楚，虽然有时候立论过高，但他的志向却是清净脱俗的，正好可以矫正现下流俗中的一些陋习。眼下弟弟们与石川太叔每天早晚在一起，最好是能够通过石川太叔的介绍，结交一些正直、守信和学识渊博的朋友，经常在一起演练和讨论。如果天天勤于学习，就不会再有其他闲心思了。就像孟子所说的：把一个楚国人的儿子从小安置到齐国的街市中，过了几年，即使你用鞭子抽他，让他说楚国话，也是不可能的。这就告诉我们环境对一个人的影响有多重要。

① 白眉：典出《三国志·蜀志·马良传》："马良，字季常，襄阳宜城人也。兄弟五人，并有才名，乡里为之谚曰：'马氏五常，白眉最良。'良眉中有白毛，故以称之。"后用来比喻兄弟或侪辈中的杰出者。

② 直谅多闻：语出《论语·季氏》："友直，友谅，友多闻，益矣。"意为：与正直诚信、学识渊博的人交朋友，是有好处的。

③ 置之庄、岳之间，虽求其楚，不可得矣：语出《孟子·滕文公下》："引而置之庄岳之间数年，虽日挞而求其楚，亦不可得矣。"意为：只要把这个人（一个楚国人的儿子）带到齐国的庄街岳里住上几年，即使天天鞭打他，逼他说楚国话，也已经办不到了。这里孟子强调的是环境对一个人的影响。

守俭弟颇好仙，学虽未尽正，然比之声色货财之习，相去远矣。但不宜惑于方术①，流入邪径。果能清心寡欲，其于圣贤之学犹为近之。却恐守文弟气质通敏，未必耐心于此，闲中试可一讲，亦可以养身却疾，犹胜病而服药也。

偶便灯下草草，弟辈须体吾言，勿以为孟浪之谈②，斯可矣。

长兄守仁书，致守俭、守文弟，守章亦可读与知之。

守俭弟爱好学神仙，这种学问虽然算不上十分正统，但相比于贪图声色钱财，已经是好很多了。但切记不要沉迷术数和方技而走上邪路。如果能够节制欲望，内心清净，那也算比较接近圣贤的学问了。我担心守文弟因为天生通达聪慧，会对神仙道术之类缺乏耐心，你有空的时候可以试着给他讲讲。神仙道术通过调养身心，也可以治病，也要胜过病重之后再吃药。

偶然有了点空闲的时间，灯下匆忙地写下这些话，弟弟们要体会我的意思，别把它们看成不着边际的闲谈就可以了。

长兄守仁书。写给弟弟守俭、守文，也可以读给守章弟听听。

| 简注 |

① 方术：与"道术"相对。指道教中阴阳术数之类的技术，阳明认为不是大道，若沉迷于此容易导致邪僻。

② 孟浪之谈：疏阔而不着边际的言论。

| 实践要点 |

这封信写于正德十一年（1516），其时阳明四十五岁，在南京任职，主要写给体弱多病的守文和爱好修仙的守俭，劝导他们立志向上，亲近益友。重视师友

夹持，强化"朋友"在"五伦"（其他四伦是君臣、父子、夫妻、兄弟）中的地位，是阳明学人团体的突出特色，也是阳明在家庭建设中屡次强调的重点。今人或曰"朋友圈决定了你的人生层次"，说"决定"有些绝对了，但朋友圈确从某个侧面反映了一个人的性格、志趣和成就，因为社交群体濡染熏陶的力量是巨大的。不趁年轻时改造习染，等到了中年，在社会大染缸泡久了，就难免"油腻"，阳明对此深有感触，称引宋儒李侗的话感慨："中年无朋友，几乎放倒了。"

　　此信对仙道的态度也堪玩味。阳明肯定道教清心寡欲的主张能将人从流俗里超拔出来，还能"养身却疾"，有益健康，但他也告诫弟弟不可沉迷方术。王阳明一生与道教关系密切，他体弱多病，一度热衷道教养生修炼，多次遇异人指点。但养生实践似乎没有带来明显的效果，他在晚年自悔用错工夫，认为儒家的学问本身就足以统摄佛道二教之学。尽管如此，他的思想深受道教影响是不争的事实。保持清醒的主见，以开放、包容心态去吸收各种精神资源，为我所用，最终成就了王阳明在学问与事功上的大格局。

寄伯敬^①弟手札

前正思^②辈回，此间事情想能口悉。我自月初到今腹泻不止，昨晚始得稍息。然精神甚是困顿，更须旬日^③，或可平复也。此间雨水太多，田禾多半损坏，不知余姚却如何耳。穴湖及竹山祖坟，雨晴后可往一视。竹山拦土，此时必已完，俟楚知县回日，当去说知。多差夫役拽置河下，俟秋间我自亲回安放也。

| 今译 |

╱

前些日子正思等人回去了，这里的情况你们应该已经从他们口中得知。我从月初到现在一直腹泻，直到昨天晚上才稍有好转，但精神依然很差，或许还需要十天左右才可恢复。这里雨水多，田里的庄稼大多被水淹坏了，不知道余姚那边的情况怎么样。穴湖和竹山的两处祖坟，等天放晴的时候你们可以去看看。竹山祖坟那里的拦土，现在肯定已经竣工了。等楚知县回来，你们要去说给他知道。记得多派些人手，把棺椁拉出来放置到河边，等秋天我回家的时候再亲自安置。

/

① 伯敬: 干守礼，王阳明叔父王衮的长子，家族中排行第三。

② 正思: 王正思。见前注《赣州书示四侄正思等》。

③ 旬日: 十天，亦指较短的时间。

石山翁①家事，不审近日已定帖否？子全所处，未必尽是，子良所处，未必尽非，然而远近士夫乃皆归罪于子良。正如我家，但有小小得罪于乡里，便皆归咎于我也。此等冤屈亦何处分诉。此意可密与子良说之，务须父子兄弟和好如常，庶可以息眼前谤者之言，而免日后忌者之口。石山与我有深爱，而子良又在道谊中。今渠家纷纷若此，我亦安忍坐视不一言之？吾弟须悉此意，亦勿多去人说也。八弟②在家处事，凡百亦可时时规戒，俗谚所谓"好语不出门，恶言传千里"也。

六月十三日，阳明山人书寄伯敬三弟收看。

/

石山老先生家里的事不知道平息下来没有？子全所做的不一定都对，子良做的也不一定都错，但是所有人都认为错在子良。这就像我们家，不论因为什么事情得罪了乡里，大家都要把罪责算到我头上。这样的冤枉，又能到哪里去说清楚呢？你们可以把我的意见私下告诉子良，务必让他们父子兄弟和好如初。只有这样，才可以平息造谣者的流言蜚语，也可以免落口实，被妒忌他们的人利用。石山老先生和我交情深厚，子良又是我们的同道中人。现在他家乱成这个样子，我怎么能够袖手旁观、不出一言呢？你要明白我的意思，但是也不必出去说给太多人知道。八弟在家无论办什么事，你也要记得经常规劝和告诫他。俗话说："好话不出门，恶言传千里。"

六月十三日，阳明山人写给三弟伯敬收看。

| 简注 |

① 石山翁：姓吴，浙江余姚人，阳明先生朋友。与谢迁等人有诗词唱和。
② 八弟：王守恭，王衮的幼子。

| 实践要点 |

此信写于嘉靖四年（1525），其时阳明五十四岁，因父丧守孝，在越城绍兴居住了三年，写这信寄给余姚老家的三弟王伯敬。

绍兴离余姚一百多里路，雨水季节，刚好赶上修祖坟，让阳明放心不下。儒家讲求"事死如事生"，传统的孝道贯通生死，一直延伸到对过世先人的惦念。

旧时的乡土社会里，有功名的人即为乡贤，有责任为家乡、宗族亲友排忧解难，特别是退养家乡之时。信中我们看到阳明在这段时期亲自料理家政，帮亲友处理家庭纠纷，其大原则是要使家人和谐相处。俗语所谓"清官难断家内事"，尤其是像阳明这样权重位高者更不容易。在处理乡族事务上稍有差池，人们动辄归罪于他这个大家长，故他自己在信里也诉出苦衷："正如我家，但有小小得罪于乡里，便皆归咎于我也。此等冤屈亦何处分诉？"

读此信，可以体会到阳明作为大家长的一番孝思、苦心与担责意识。

与徐仲仁^①

北行仓率，不及细话。别后日听捷音^②，继得乡录^③，知秋战^④未利。吾子年方英妙^⑤，此亦未足深憾，惟宜修德积学，以求大成。寻常一第^⑥，固非仆之所望也。家君^⑦舍众论而择子，所以择子者，实有在于众论之外，子宜勉之！勿谓隐微可欺而有放心^⑧，勿谓聪明可恃而有怠志^⑨；养心莫善于义理^⑩，为学莫要于精专^⑪；毋为习俗所移，毋为物诱所引；求古圣贤而师法之，切莫以斯言为迂阔也。

| 今译 |

仓促北上，好多话没来得及细说。分别后我每天都在等待你蟾宫折桂的消息，后来收到了《弘治十七年浙江乡试录》，知道你乡试不利。你年纪还很轻，才华又出众，对此不必太过遗憾，现在最需要做的是好好涵养道德，积累学问，以追求更大的成就。成为一名普通的进士并不是我对你的期望。家父不顾众人的

议论挑选你做我的妹婿，其中是有普通人看不透的原因的。希望你好好努力，不要以为内心的想法念头无形无相，就可以欺蒙和放纵自己，不要以为自己耳聪目明，就可以松懈志气；修养身心最好的途径是熟悉体味儒家的经义，做学问最好的办法是专心致志和精益求精；不要被庸俗的风气转移了志向，不要被物质的诱惑消磨掉志气；做人做学问，从古代圣贤那里找老师，以古代圣贤为榜样，千万不要把我这些话看成是迂腐和不切实际的。

简注

① 即徐爱（1487—1517），字曰仁，又字仲仁，号横山，余姚横河马堰人，王阳明的妹夫。正德二年，在绍兴师从王阳明，成为王门最早的弟子之一。次年秋，举进士二甲第六。正德四年七月，"以明达有为之体，出为（祁）州守"。正德七年冬，升南京兵部车驾清吏司员外郎，为应诏陈言"上下同心以更化善治"事。正德八年春，侍阳明自北来南，检简牍中，见同门"多未识者，乃重有感焉"，遂作《同志考》。正德九年，阳明为南鸿胪卿，徐爱与黄绾等日夕聚师门，切磋学问。正德十年，升南京工部都水司郎中。正德十二年五月十七日，徐爱因得痢疾，暴卒于绍兴寓馆，年仅三十一岁。徐爱是王阳明的爱徒，曾与阳明说起他的梦境：在山间遇一和尚，和尚预言他"与颜回同德，亦与颜回同寿"。后果三十而亡。阳明闻其死讯，大呼："天丧我! 天丧我!"他是一个典型的内圣型人才，可以说是王门的"颜回"。

② 捷音：胜利的消息。古代读书人喜欢把参加科举考试比喻为上战场。

③ 乡录：即乡试录，科举制度中试录的一种。由各省乡试录取之试卷择优选编，刊刻成帙。

④ 秋战：即乡试，又称秋试、秋闱。明代科举中各省选拔举人的考试，因为安排在秋季，故称。

⑤ 英妙：指美好的青年时期。

⑥ 第：科考中第。

⑦ 家君：家父。这里指王阳明的父亲王华（1446—1522），字德辉，号实庵，晚号海日翁。曾读书龙泉山中，学者又称他龙山先生，累官至南京吏部尚书。著有《龙山稿》《垣南草堂稿》《礼经大义》《杂录》《进讲余抄》。徐爱是王华的女婿，所以阳明这里说："家君舍众论而择子。"可知徐爱最终成为王家的乘龙快婿，乃出于王华的力排众议。

⑧ 放心：放纵其心，此处指放逸懈怠。语出《孟子·告子上》："孟子曰：仁，人心也；义，人路也。舍其路而弗由，放其心而不知求，哀哉！人有鸡犬放，则知求之；有放心而不知求。学问之道无他，求其放心而已矣。"孟子说的"放心"是放纵、丢失了本心的意思，与今天所说的"放心"不同。

⑨ 怠志：松懈志气。

⑩ 义理：宋明理学的基本范畴。指普遍的道理，意思与天理相近。

⑪ 精专：精一专门。

昔在张时敏①先生时，令叔在学，聪明盖一时，然而竟无所成者，荡心②害之也。去高明而就污下，念虑之间，顾岂不易哉！斯诚往事之鉴，虽吾子③质美而淳，万无是事，然亦不可以不慎也。意欲吾子来此读书，恐未能遂离侍下④，且未敢言此，俟⑤后便再议。所不避其切切⑥为吾子言者，幸加熟念，其亲爱之情，自有不能已也。

| 今译 |

以前张时敏先生在我们浙江做提学时，你叔叔就在学校做生员，他聪明一时，但终其一生却没能有所成就，这都是他那颗放荡的心害的。远离高明的人，转而亲近低俗的人，其实就是一念之间的事，放荡自己的心还不容易吗！过往的历史就像一面镜子。你虽然禀赋聪明，又天性淳朴，我相信在你身上一定不会重演你叔叔这样的事，但是也不能不小心谨慎。我有心让你来我这里读书学习，但又担心你无法突然之间远离你的父亲母亲，所以还没敢把这个心意告诉你。等以后条件成熟再说吧。我之所以直接而急切地给你说这些，希望你仔细体会我的用心，实在是因为我们兄弟之间的亲爱之情呀，是情不自禁啊。

/

① 张时敏：即张悦，字时敏。松江华亭（今上海市）人。累官至兵部尚书，谥庄简，有《定庵集》。成化年间任浙江按察司提学，视察余姚县学时，独具慧眼，通过文章预测王华有状元之才。

② 荡心：放荡心志。

③ 吾子：对对方的敬称，一般用于男子之间。

④ 侍下：父母。

⑤ 俟（sì）：等到。

⑥ 切切：再三告诫的意思。

| 实践要点 |

/

此信写于弘治十七年（1504）中秋后，对象徐仲仁即阳明的妹夫徐爱（1487—1517）。这一年，王阳明 33 岁，任山东乡试的主考官，徐爱 17 岁，参加浙江省乡试，科举失利。三年后的下一届科举，徐爱中举。中举后，拜阳明为师，成为王门早期弟子。

在明代，一个读书人如果想中进士，他必须过好几关才能获得最高学衔。首先，他要在县里参加县试，通过后再去府里参加府试，这两次考试都通过了，就被人称为童生。拥有童生资格的人才可以参加由各省学道组织的院试，院试合格的人被称为秀才。只有中了秀才的人，才算是被国家正式认可的读书人，享受一定的税收和礼仪优待。许多人终生通不过秀才这一关，白发苍苍仍然是个老童生。有了秀才资格后，他可以去省里参加乡试，乡试通过之后称为举人。有了举人的资格，才能去京城参加会试。会试通过，还要再去皇宫参加殿试，分三甲放榜，有了进士的身份，而进士第一名叫作状元。这一套科举考试制度一路下来，比现在小学、中学、大学还要复杂，考生一路奔走于县、府、省会和首都之间，各种成本不容小觑，当然，回报也是相当可观。当官致富贵，是很多人梦寐以求的理想。

可是阳明不这么想。他不以科举登第为第一等事，也不以落第为耻。他会试就落榜过两次，面对友人的安慰，他说："世人以落第为耻，吾以落第动心为耻。"有过这样的心得体会，所以他对徐爱的落榜有同情理解，希望他不要因此而灰心丧志，更不能懈怠德性修养。

此信要点如下：

一、修养品德、积累学问才是"大成"之学，是终身都要追求的学问，远远高于在科举中一时考个好成绩。

二、学问靠的是扎实、专注地下苦功，切忌依仗小聪明。

三、小心看管好自己的念头，警惕物质、欲望的干扰引诱。

近代著名画家齐白石（1864—1957）小时候，家乡附近来了一个新上任的巡检（略似区长），出巡时排场惊人，耀武扬威。乡里人很少见过官面的，个个拖男带女，趋之若鹜。唯独齐白石不屑一顾，不愿意去凑热闹，邻居不解，母亲却赞扬他："好孩子，有志气！我们凭着双手吃饭，官不官有什么了不起！"他忆述此事时说："我一辈子不喜欢跟官场接近，母亲的话，我是永远记得的。"（《齐白石自传》，江苏文艺出版社，2012 年版）后来在抗战时期，北平沦陷，早负盛名的他为对付日寇及汉奸的索画，干脆贴出"画不卖与官家"的告示，谢绝见客，这种不受物欲所迁移的气节，就源于早年的母教影响。

示徐曰仁应试

君子穷达^①，一听于天，但既业举子^②，便须入场，亦人事宜尔。若期在必得^③，以自窘辱^④，则大惑矣。入场之日，切勿以得失横在胸中，令人气馁志分^⑤，非徒无益，而又害之。场中作文，先须大开心目，见得题意大概了了，即放胆下笔；纵昧出处，词气亦条畅^⑥。

| 今译 |

君子（德才兼备的人），对于境遇的困顿和显达，要听凭命运的安排。但是既然决定走科举这条路子，就一定要进考场，这是做人的责任所在。如果认为既然进了考场就一定要考出个非常好的成绩，这是自己给自己找麻烦，是被功名迷住了心窍。进考场后，心中千万不要患得患失，患得患失会消耗人的精神，让人不能全神贯注，不仅无益，而且耽误考试。考场中写文章，首先要扩大心胸、放开思路，明白了题目的大概意旨之后，就可以大胆下笔了。这样的话，即便不十分清楚题目的出处，写出来的文章也会条理分明思路流畅。

① 穷达：穷，困顿；达，显贵。古人常以此概括人生的不同境遇。

② 举子：古代科举考试应试人的通称。在明代，读书人在通过院试之前称"童生"，通过院试即为"秀才"。秀才通过乡试则为"举人"。举人再通过会试、殿试，才能成为"进士"。除了进士，其他三个身份都是下一个等级考试中的举子。

③ 期在必得：一定要得到想要的东西。

④ 以自窘（jiǒng）辱：自己招致窘迫和屈辱。

⑤ 气馁志分：气馁，失去信心；志分，注意力不集中。

⑥ 条畅：通畅，通顺。

今人入场，有志气局促不舒展者，是得失之念为之病也。夫心无二用，一念在得，一念在失，一念在文字，是三用矣，所事宁有成耶？只此便是执事不敬①，便是人事有未尽处②，虽或幸成，君子有所不贵也。

| 今译 |

当今的考生，有的一进考场，心里就局促不安，浑身不自在，这都是患得患

失的念头给害的。一心不能二用，如果心中一边算计着考好了怎么风光，一边想着考不好了会无脸见人，还要去费尽心机地遣词造句，这是在一心三用，怎么可能考好呢？一心三用，从做事上来说是不敬业，从做人上来说是没有尽到本分，即便侥幸取得什么成绩，也不是君子所应当看重的。

| 简注 |

① 执事不敬：处理事情不够恭敬谨慎。

② 人事有未尽处：即没有尽人事，没有做到人力所能及的地步。

> 将进场十日前，便须练习调养。盖寻常不曾起早得惯，忽然当之，其日必精神恍惚，作文岂有佳思？须每日鸡初鸣即起①，盥栉②整衣端坐，抖擞精神③，勿使昏惰。日日习之，临期不自觉辛苦矣。今之调养者，多是厚食浓味④，剧酣谑浪⑤，或竟日僵卧⑥。如此是挠气⑦昏神，长傲⑧而召疾⑨也，岂摄养⑩精神之谓哉！务须绝饮食⑪，薄滋味，则气自清；寡思虑，屏嗜欲，则精自明；定心气，少眠睡，则神自澄。君子未有不如此而能致力于学问者，兹特以科场⑫一事而言之耳。每日或倦甚思休，少僵即起，勿使昏睡；既晚即睡，勿使久坐。

　　将进考场十天前，就需要开始调理作息和饮食。因为假如平常没有起大早的习惯，考试那几天突然早起，一定会整天精神恍惚，在这样的精神状态下写文章，哪里会文思泉涌呢？所以在考试前十天开始，鸡叫头遍就要起床，洗脸梳头后要端端正正地静坐一会儿，抖擞精神，防止昏昧松懈。这样每天练习，要上考场时再起大早就不觉得辛苦了。现在人的调养，多是大鱼大肉地滋补和毫无节制地纵情狂欢，要不就是整天躺在床上。这样的调养，结果是气乱神昏，增长狂傲而招来疾病上身。这算哪门子调养精神！务必要节制饮食，吃得清淡，这样的结果是神清气爽；要减少思虑，抛弃嗜欲，这样的结果是神清目明；要气定神闲，不要贪睡，这样的结果是心神澄明。这里只是以科举进场考试一件事来举例，其实君子须事事如此，才算是做学问。一天中有时候非常疲劳，想休息，那就躺一会儿马上起来，不要昏睡；天色已晚就要睡觉，不要久坐。

　　① 鸡初鸣即起：明代科举考试，秀才在省里考举子叫乡试，时间在秋季八月的初九、十二和十五三天；举子进京有会试和殿试，会试安排在二月的初九、十二和十五，殿试安排在三月十五。乡试和会试分别有三场考试，每场考一天，寅时入场。由于考生们进场前的各项准备包括赶路都需要一段时间，所以起床一

般不能晚于丑时。鸡叫第一遍就在丑时。古代中国一天分十二个时辰，每一个时辰相当于现在两个小时，以子、丑、寅、卯、辰、巳、午、未、申、酉、戌、亥依次代称。子时约为现在的深夜十一点至凌晨一点，丑时约为凌晨一点至凌晨三点，其他以此类推。

② 盥（guàn）栉（zhì）：盥，洗手；栉，梳头。

③ 抖擞（sǒu）精神：振作精神。

④ 厚食浓味：多吃油腻浓重的食品。厚，多。

⑤ 剧酣（hān）谑（xuè）浪：毫无节制地游戏放浪。剧、酣，都有表示程度强烈的意思；谑、浪，都有表示戏谑浪荡的意思。

⑥ 竟日偃（yǎn）卧：整天睡觉。竟日，终日；偃、卧，都有睡卧的意思。

⑦ 挠气：干扰气息。古人认为在人身体内部存在着"气"，是它的周流运转保证了人的正常生活。当它被扰乱的时候，人的精神、身体就会出现各种毛病。

⑧ 长傲：滋长傲慢。

⑨ 召疾：招致疾病。

⑩ 摄（shè）养：养生，调养。摄，巩固；养，保养。

⑪ 绝饮食：据清王贻乐编《王阳明先生全集》（十六卷，同治九年刻本，中山大学图书馆藏）作"节饮食"。"绝"当作"节"。

⑫ 科场：科举考试的场所，后代指科举考试。

进场前两日，即不得翻阅书史，杂乱心目；每日止可看文字一篇以自娱。若心劳气耗，莫如勿看，务在怡神适趣。忽充然滚滚，若有所得，勿便气轻意满，益加含蓄酝酿，若江河之浸，泓衍①泛滥，骤然决之，一泻千里矣。每日闲坐时，众方嚣然②，我独渊默③；中心融融④，自有真乐，盖出乎尘垢之外⑤而与造物者⑥游。非吾子概尝闻之，宜未足以与此也。

| 今译 |

进考场前两天，就不要再翻看浏览书本了，这个时候看书会让心思变得杂乱；每天只可以看一篇文章，目的是让心情舒畅。如果因为耗费了气力觉得心累，不如不看，看与不看的出发点是使自己心神舒适。如果突然之间文思翻涌，觉得有收获，这个时候千万不要因自满而浮躁轻狂起来，而是要含而不露，继续积蓄，要像江河水不断积蓄直至涨满一样，这样上场作文时，文思才能像决堤的洪水一样奔腾而出，一泻千里。每日闲坐时，不管周围环境多么嘈杂喧嚣，自己的身心要像深潭的水面一样静默；心中安详快乐，这是真正的快乐，是超出尘世之外而与造物者合一的快乐。如果不是你之前已对此有所了解，我是不会说这些话的。

① 泓衍：水涨满流溢。

② 嚣（xiāo）然：扰攘不安宁的样子。

③ 渊默：深沉，不说话。

④ 中心融融：内心安详和乐。中心，心中；融融，和乐的样子。

⑤ 尘垢（gòu）：世俗。《庄子·齐物论》："无谓有谓，有谓无谓，而游乎尘垢之外。"

⑥ 造物者：天地万物的创造者。《庄子·大宗师》："伟哉，夫造物者将以予为此拘拘也。"

｜ 实践要点 ｜

/

此信写于正德二年（1507），是给即将在来年春天进京会试的徐爱写的，可视为考试指南。而对于今天的考生来说，这篇五百年前的文字仍然是绝妙的应考指南，读之十分亲切受用。

从平日的身心调养，到进考场前十天、前两天的战略调整，到考试时的心态培养、作文如何写，交代得非常详尽，体现出一位大哲人的胸怀，也可见他对这位妹夫兼弟子的呵护关切。徐爱也没有辜负厚望，在这场会试里举进士二甲第六名。

总结四个要点：

一、考试的最好心态是"尽人事以听天命"。

二、考试时要平心静气专注审题目，作文时心细胆大。

三、平时养成早起的习惯，不熬夜，不久坐，饮食清淡。

四、考前调养出舒适、平静、喜悦的心情，就是最好的状态，作文自然会有好灵感、好文采。

技术性上，王阳明着眼于"考试前十天"这一特殊时段。明代乡试、会试的考试周期均为三年。在这漫长的备考时间内，考生绝大多数时候都按照已形成套路的学习方式进行复习（明代也有大量的考试参考书），成果如何，全看个人的毅力与悟性。阳明抛开这些程式化的部分不谈，而专谈"考试前十天"，其实就是在为徐爱提供"临场指导"。信中提到的某些方法，即使放在今天的中考、高考当中，也仍然适用。比如说，考试前一段时间的饮食要清淡。这可能违背了当下部分家长的"常识"。他们习惯在考前对孩子进行"十全大补"，认为这样才能保证孩子的体力。但事实上，过犹不及。大补之下，孩子的身体反而可能产生不良反应，有的人上火、失眠、焦躁，这对他们的应试是相当不利的。然后就是调整作息，阳明主张，考前一段时间就要让自己进入考试的作息状态，以使身体提前适应考试的节奏。无论古代还是当代，考生们都习惯在考试前焚膏继晷废寝忘食，这样造成的结果是，当他们仓促进入考试的节奏，身体会出现极大的不适应，因而影响发挥。最后，阳明还让徐爱在考试前两天就不再进行高强度的复习，而把所有时间放在调整个人状态上。为什么临近考试不是全力冲刺，而是修养身心？其实很好解释。古代的乡试、会试也好，当代的中考、高考也好，都需要一个漫长的准备周期。人所能掌握的知识、方法，是在这个漫长的周期里逐渐积累起来的，临阵磨枪只会徒然增重负担，既扰乱了考生的心智，比如发现自己还有很多知识缺陷，又损耗了考生的心神。

除了这些技术性的指导，阳明先生还特别劝说徐爱摒除杂念，对考试保有一颗平常心。当下的中国仍然是一个重视考试的社会。其中高考甚至被视为是"一考定终生"。但是，和古人比起来，当代各种考试对个人命运的影响已经小很多了。在明清时期，科举几乎是平民百姓实现阶层跨越的唯一途径。一旦获得秀才头衔，就开始享受各种经济、文化上的特权；一旦获得举人头衔，就取得了做官的资格；而一旦成为进士，就铁定可以成为这个社会有影响力的精英。所谓"书中自有颜如玉，书中自有黄金屋"，这是宋真宗赵恒亲撰的"励学"之言，也是当时社会的真实写照。因此，想在事关权力、财富的科举考试前保持平常心，其实是非常困难的。明清社会，多的是为了一个进士、举人、甚至秀才头衔而屡战屡败、屡败屡战的痴人。

《儒林外史》有段非常有名的"周进哭号"故事，讲一个屡试不第的老童生周进跟随朋友到南京做生意，却执意要去江南贡院（乡试场地）一看：

  话说周进在省城要看贡院，金有余见他真切，只得用几个小钱同他去看。不想才到"天"字号，就撞死在地下。众人都慌了，只道一时中了邪。行主人道："想是这贡院里久没有人到，阴气重了。故此周客人中了邪。"金有余道："贤东！我扶着他，你且到做工的那里借口开水灌他一着。"行主人应诺，取了水来，三四个客人一齐扶着，灌了下去。喉咙里咯咯的响了一声，吐出一口稠涎来。众人道："好了。"扶着立起来。周进看看号板，又是一头撞了去；这回不死了，放声大哭起来。众人劝也劝不住。金有余道："你看，这不是疯了么？好好到贡院来耍，你家又不曾死了人，为甚么号啕痛哭？"周进也不听见，只管伏着号板，哭个不住；一号哭过，又哭到二号、三号，满地打滚，哭了又哭，滚的众人心里都凄惨起来。金有余见不是事，同行主人一左一右，架着他的膀子。他那里肯起来，哭了一阵，又是一阵，直哭到口里吐出鲜血来。众人七手八脚，将他扛抬了出来，在贡院前一个茶棚子里坐下，劝他吃了一碗茶；犹自索鼻涕，弹眼泪，伤心不止。

周进的身份是童生，也就是连秀才都没捞到。而江南贡院是明代秀才们考举人的地方。换句话说，那里是周进魂牵梦绕的地方。他在贡院中的举动，既可怜又可笑。而在明清社会，像他这样把科举当成一生事业的人其实并不少见。我们现在所熟知的《聊斋志异》的作者蒲松龄，做了大半辈子秀才，可谓饱尝科场冷暖。因此在小说中，他对当时的考场有非常辛辣的讽刺：

秀才入闱，有七似焉：初入时，白足提篮，似丐。唱名时，官呵隶骂，似囚。其归号舍也，孔孔伸头，房房露脚，似秋末之冷蜂。其出场也，神情惝恍，天地异色，似出笼之病鸟。迨望报也，草木皆惊，梦想亦幻。时作一得志想，则顷刻而楼阁俱成；作一失志想，则瞬息而骸骨已朽。此际行坐难安，则似被絷之猱。忽然而飞骑传人，报条无我，此时神色猝变，嗒然若死，则似饵毒之蝇，弄之亦不觉也。初失志心灰意败，大骂司衡无目，笔墨无灵，势必举案头物而尽炬之；炬之不已，而碎踏之；踏之不已，而投之浊流。从此披发入山，面向石壁，再有以"且夫"、"尝谓"之文进我者，定当操戈逐之。无何日渐远，气渐平，技又渐痒，遂似破卵之鸠，只得衔木营巢，从新另抱矣。

这一段话连用七个比喻，把汲汲于功名的士子们的形象刻画得惟妙惟肖。阳明天资颖悟，二十多岁就成为进士，也落榜过，总算是没怎么受到科举制度的戕害。而更重要的是，他的理想是成为圣贤，成为一个对天下苍生有用的人，因此，他能对科举这一利禄之途保持平常心。而历史的有趣之处正在于，或许正是因为这份平常心，他和他的弟子们在科举上反而非常成功。阳明学说甚至极大地影响了明代后期的八股文写作。这真是历史的顽皮之处：执着者往往一无所获，而超脱者反而能有所得。

附一：王畿家训

王畿（1498—1583），字汝中，号龙溪，世称龙溪先生。绍兴府山阴（今浙江绍兴）人。年轻时聪颖豪迈，十五岁就中了举人，嘉靖二年（1523）试礼部进士落第，听说王阳明回绍兴稽山书院讲学，就返乡受业。嘉靖五年，会试中式，未参加廷试，回乡与钱德洪共同协助阳明接引后学、教育子弟。当时有"教授师"之称，为王阳明最赏识弟子之一。嘉靖七年，赴京殿试，途中闻老师去世，奔广信（今江西上饶）料理丧事，并服心丧三年。十三年，中进士，授南京兵部主事、进郎中，被首辅夏言贬斥为伪学，乃谢病归，来往江、浙、闽、越等地讲学四十余年，所到之处，听者云集，年过八十仍四方周游，孜孜不倦弘扬师教，扩大了阳明学的影响力。

王畿的思想之于阳明心学既有继承又有拓展，在明代思想史上占有一席之地。他主张"见在良知"说，即"良知"原是当下现成、先天自足的，它不须学习思虑，亦无须修正损益，只有一念自我反省，良知就会随时呈露，"一念自反，即得本心"。他说："良知一点虚明，便是作圣之机，时时保任此一点虚明，不为旦昼梏亡，便是致知。"（《王龙溪语录·龙华会记》）因此他更强调自然洒落来保任本心的活泼流行，反对用戒慎恐惧的修养工夫。针对王阳明的四句教（无善无恶心只体，有善有恶意之动，知善知恶是良知，为善去恶是格物），他提出了"四无"说，认为心、意、知、物只是一事，"若悟得心是无善无恶之心，意即是无善无恶之意，知即是无善无恶之知，物即是无善无恶之物"（《王龙溪先生全集·天泉证道纪》）。为此他认为在心、意、知、物四者中，"心"是最根本的，学问就要在心体上立根，并认为这是彻底上乘的先天之学；而诚意是在动意后才用功，则已经落为后天之学。要在心体上立根，就必须"以无念为宗"，即要使自己处于"无念"的无执状态中，在这点上与禅宗慧能的"以无念为宗"的思想混同，被当时与后世的学者批评为把阳明学说引入自然放任主义与禅宗。

王畿家世据说出自"书圣"王羲之一系，世代居住在绍兴，与王阳明是同郡宗亲。祖父王理，做过临城县令，父亲王经，贵州按察副使，为政敢于直言。他的兄长王邦患有心疾，王畿事奉恭谨，抚养侄子如同己出。王畿"居家正而和"，夫妇恩爱，育有三子：应祯、应斌、应吉。一家和睦，"门庭之内，雍如也。"

值得一提是王畿的夫人张安人，数十年如一日支持丈夫的讲学志业，善于理家，深明妇道。王畿因为任官时间短，夫人得不到朝廷的封命，曾耿耿于怀，张安人主动宽慰："君不闻古孟光、桓少君乎！布素妾能自安也。"（孟光、桓少君是汉代的贤妇良妻，以甘于清贫，与夫君相敬如宾闻名。）绍兴守官建成三江闸，因王畿参与谋划，要以新开的两顷沙田致谢，张安人以为不符合道义，支持王畿拒绝受田。时人因此知道王畿的学问能真正"成于身、行于家"。安人去世后，王畿写有悼文《亡室纯懿张氏安人哀辞》，满怀深情地颂扬妻子的德行功绩，开篇即指出夫妇之道是人伦的基础："夫妇，人道大伦、乾坤法象、万化之宗。《易》家人之繇曰：'男正乎外，女正乎内。'内外各正，则恩义笃、家道昌。然而女贞则利，妇顺则吉。闺门之始，其所重尤有在于内也。"

自讼长语示儿辈

隆庆庚午岁晚十有二日之昏候^①，长儿妇^②厅檐^③积薪^④起火，前厅后楼尽毁，仅余庖湢^⑤数椽^⑥，沿毁祖居及仲儿侧厦^⑦、季儿厅事之半。赖有司救禳，风回焰息。幸存后楼傍榭及旧居堂寝，所藏诰轴神厨^⑧、典籍图画及先师遗墨，多入煨烬中。所蓄奁具^⑨器物、服御储偫^⑩，或攘^⑪或毁，一望萧然。古德云"王老师修行无力，被鬼神觑破"^⑫，以致于此，更复何言？

今译

隆庆庚午年（1570）十二月十二日黄昏，积聚在大儿媳妇大厅屋檐下的干柴堆突然着火，把前厅后楼都烧光了，只留下厨房、浴室等少数几间房屋；接着又烧掉了祖屋和二儿子的侧室、三儿子大厅的一半。幸好经过官府的多方救援，风停之后，火也随之熄灭了。检点幸存下来的后楼旁屋和旧居厅堂，发现平时收藏的卷轴神厨、书籍图画，以及先师阳明先生的手迹，都在这次灾难中付之一炬。

自讼长语示儿辈

隆庆庚午岁晚十有二日之昏候[①]，长儿妇[②]厅檐[③]积薪[④]起火，前厅后楼尽毁，仅余庖湢[⑤]数椽[⑥]，沿毁祖居及仲儿侧厦[⑦]、季儿厅事之半。赖有司救禳，风回焰息。幸存后楼傍榭及旧居堂寝，所藏诰轴神厨[⑧]、典籍图画及先师遗墨，多入煨烬中。所蓄奁具[⑨]器物、服御储偫[⑩]，或攘[⑪]或毁，一望萧然。古德云"王老师修行无力，被鬼神觑破"[⑫]，以致于此，更复何言？

今译

隆庆庚午年（1570）十二月十二日黄昏，积聚在大儿媳妇大厅屋檐下的干柴堆突然着火，把前厅后楼都烧光了，只留下厨房、浴室等少数几间房屋；接着又烧掉了祖屋和二儿子的侧室、三儿子大厅的一半。幸好经过官府的多方救援，风停之后，火也随之熄灭了。检点幸存下来的后楼旁屋和旧居厅堂，发现平时收藏的卷轴神厨、书籍图画，以及先师阳明先生的手迹，都在这次灾难中付之一炬。

家人所积攒的梳妆用品、日常器物，储存下来的车马服饰，或者混乱不堪，或者被完全毁坏，一眼望过去，一派萧条景象。古代有德行的人说"王老师修行不力，被鬼神看破"，以致于此，还有什么好说的呢？

| 简注 |

① 昏候：黄昏时候。

② 长儿妇：大儿子的妻子。

③ 厅檐：大厅的屋檐。

④ 积薪：积聚的木柴。

⑤ 庖(páo)湢(bì)：庖，厨房；湢，浴室。

⑥ 椽(chuán)：房屋的间数。

⑦ 侧厦：侧屋。

⑧ 诰轴神厨：诰轴，写有皇帝诏令的卷轴；神厨，安置神像的立柜，由神龛及其下面的柜子组成。

⑨ 奁(lián)具：梳妆用品。

⑩ 服御储偫(zhì)：服御，指服饰车马器用之类；储偫，指存储的备用物资。

⑪ 攘(rǎng)：混乱。

⑫ 王老师修行无力，被鬼神觑破：语出释道原撰《景德传灯录》："师拟取明日游庄舍。其夜土地神先报庄主，庄主乃预为备。师到，问庄主：'争知老僧来？排办如此。'庄主云：'昨夜土地报道，和尚今日来。'师云：'王老师修行无

力，被鬼神觑见。'有僧便问：'和尚既是善知识，为什么被鬼神觑见。'师云：'土地前更下一分饭。'"文中"师"指唐代南泉禅师，乃禅宗中的一个著名的公案。因禅修讲究密行，所以南泉禅师在得知自己的行踪被土地神知道后会说自己"修行无力"。

夫灾非妄作，变不虚生。古人遇灾而惧，"洊雷，震"①，恐惧以致福。震不于其躬于其邻，畏邻戒也。今震于其躬矣，岂苟然而已哉！不肖②妄意圣修之学，闻教以来四五十年，出处闲忙，未尝不以聚友讲学为事。寖③幽寖昌，寖微寖著，炎炎④乎仆而复兴。海内同志不我遐弃，亦未尝不以是相期勉。自今思之，果能彻骨彻髓，表里昭明，如咸池⑤之浴日，无复世情阴霭间杂障翳⑥否乎？广庭大众之中，辑柔寡怨⑦似矣，果能严于屋漏⑧，无愧于鬼神否乎？爱人若周，或涉于泛；忧世若巫，或病于迂。或恣情徇欲，认以为同好恶；或党同伐异⑨，谬以为公是非。有德于人而不能忘，是为施劳⑩；受人之德而不知报，是为悖义⑪。务计算为经纶⑫，则纯白不守⑬；任逆忆为觉照⑭，则圆明⑮受伤。甚至包藏祸心，欺天妄人之念潜萌而间作，但畏惜名义，偶未之发耳。凡此皆行业⑯所招，鬼神之由鉴也。

灾变不会无缘无故地发生。古人遇到灾祸会感到恐惧，《易经》上说"洊雷，震"，戒慎恐惧能招致福气。有时灾变不发生在自己身上，而是发生在邻居身上，这是想让人在灾变及于邻居时就警戒起来。现在灾变都发生在自己身上了，怎么还可以马虎随便地看待它呢？我一生修行圣人之学，自从听闻老师的教诲以来，四五十年间，无论出任官职与否，繁忙或者空闲，都不忘聚友讲学。在这个过程中，修学工夫有时幽暗，有时昌明，时而微渺，时而显著。我总是一副很着急的样子，跌倒了又会爬起来，继续前进。同志之人不嫌弃我，都以圣人之学勉励我。今天想想，我的修养工夫果然已经到达了彻骨彻髓，表里昭明，像咸池洗浴太阳那样不受任何世俗情感的遮蔽了吗？在大庭广众之下，我似乎是能做到和顺少过了，但在私密场所呢？我真的还能严于律己，无愧于鬼神吗？爱人爱得太多，就会有宽泛的毛病；忧世忧得太急切，就会有迂腐的毛病。或者放肆自己的情欲，却误以为这是好恶与别人相同；或者党同伐异，却误以为这是在公正地辨别是非。有德于人而不能忘记，这就叫"施劳"；受人恩德而不知回报，这是违背道义。以劳心算计的方式谋划大事，纯净的本心就无法保持；把起意预测和回忆当成良知觉照，内心的灵明就会因此受到损伤。甚至包藏祸心，欺天瞒人的想法也一直潜伏着，不时就要发作，只是因为害怕损害自己的名誉，不敢说出来罢了。这些都是鬼神所能看到的，也是这次报应产生的缘由。

简注

① 洊 (jiàn) 雷，震：语出《易·震》，全句为"洊雷震，君子以恐惧修省"，意为震卦 (☳) 上下皆雷 (☳)，君子观洊雷威震之象，心存恐惧而自我修省。洊，再。

② 不肖：谦称，指自己。

③ 寖 (jìn)：逐渐。

④ 岌岌：着急的样子。

⑤ 咸池：咸池，神话中太阳洗浴之处。

⑥ 间杂障翳 (yì)：掺杂、遮蔽。障、翳，都有遮蔽的意思。

⑦ 辑柔寡愆 (qiān)：样貌和顺，减少过失。辑，和；柔，安；寡，少；愆，错误。

⑧ 屋漏：泛指屋之深暗处。

⑨ 党同伐异：袒护与自己立场相同的人，攻击与自己立场不同的人。

⑩ 施劳：自以为有劳，居功自傲。语出《论语·公冶长》："无伐善，无施劳。"

⑪ 悖义：违背仁义。

⑫ 经纶：整理丝缕、理出丝绪和编丝成绳，统称经纶。引申为筹划治理国家大事。

⑬ 纯白不守：纯净的本心无法保持。

⑭ 任逆忆为觉照：逆忆，预测和回想；觉照，佛教用语，指以觉悟之心观

照一切。

⑮ 圆明：佛教语，用圆镜的光洁比喻人心的灵明。

⑯ 行业：佛教语，行为造业。

> 平生心热，牵于多情①，少避形迹，致来多口之憎。自信以为天下非之而不顾，若无所动于中。自今思之，君子独立不惧与小人之无忌惮，所争只毫发间。察诸一念，其机甚微。凡横逆拂乱②之来，莫非自反，以求增益之地，未可概以人言为尽非也。

| 今译 |

我平生太热心，对万事万物都不能忘情，因此很不注意隐藏自己的行迹，也因此招致了许多人的批评。而我过去自信地觉得即使全天下都在非议，也可以置之不顾，无所动于心。现在想想，君子的独立不惧和小人的没有忌惮，差别只在毫厘之间，从一念之中进行省察。其中契机特别微妙，种种不顺、扰乱的事情都应该当作自我反省、以求长进的好机会，不应该把他人的话一概视为错误。

/

① 多情: 富有感情, 这里指对天地万物的眷恋。

② 横逆拂乱: 不顺扰乱的事情。

素性好游, 辙迹①几半天下。凡名山洞府、幽怪奇胜之区, 世之人有终身羡慕, 思一至而不可得者, 予皆得遍探熟游, 童冠追从, 笑歌偃仰, 悠然舞雩之兴②, 乐而忘返。是虽志于得朋, 不在山水之间, 不可不谓之清福。自今思之, 所享过分, 岂亦造物之所忌乎? 固不敢以胸中丘壑自多也。

| 今译 |

/

我生性喜欢旅行, 几乎走遍了大半个中国。凡是那些名山洞府、幽怪奇胜的地方, 世上人想去一次都没有机会, 我却基本都游玩得很熟悉了。童仆朋友追随左右, 或笑或歌, 或坐或卧, 悠然舞雩之兴, 乐而忘返。虽然我的本意是与朋友相聚, 而不在游玩山水, 但也不能说这就不是清福。现在想想, 我的享受实在是太多了, 这应该也是造物主忌恨我的地方吧? 因此不敢以为自己阅历丰富而自我满足。

简注

① 辙 (zhó) 迹: 车轮碾过的痕迹。

② 童冠追从，笑歌偃 (yǎn) 仰，悠然舞雩之兴: 典出《论语·先进》:"莫春者，春服既成，冠者五六人，童子六七人，浴乎沂，风乎舞雩，咏而归。"孔子有一次问起弟子们的志向，以上这段话是其中一个弟子曾点的回答。后人常引用它表达一种对于高远恬淡的生活的追求。童冠，童子和成人；偃卧，仰卧；舞雩，古代祭天求雨的高台。

忆昔承乏武选①时，六科给事中②戚贤③等因九庙④火灾，陈言会疏，进贤退不肖，谬以区区为贤，推其学有渊源，宜列清班⑤，备顾问，辅养君德，不宜散置郎署⑥。所指不肖，皆据权位有势力之徒。时宰⑦方作恶讲学，乘机票旨⑧，斥为伪学小人，旋加禁锢。稽之往鉴，若非圣世所宜有。然在区区，则为深中隐慝，亦不敢以程朱往事，叨冒自委也。

今译

记得当年在武选司的时候，六科给事中戚贤等人因为九庙发生火灾，上疏进言，主张引进贤人，屏退恶人。误把我当成了贤人，说我学有渊源，应该进入清班之列，以备顾问，辅助培养君主的恩德，不应该在郎署里闲置。他们所指的恶人，都是有权位有势力的人。当时的宰相厌恶民间讲学，于是乘机草拟旨意，把我们都贬斥为伪学小人，还剥夺了我们的官职。对照历史，这样的事似乎并非圣明之世所应该发生的。但对我来说，那些攻击其实正好切中我隐蔽的弱点，因此我不敢用程子、朱子的经历，为自己的遭遇开脱（二程、朱熹都曾遭到贬斥）。

| 简注 |

① 武选：官署名，明代兵部下设的机构。掌考武官的品级、选授、升调、功赏之事，考查各地之险要，分别建置营汛；管理少数民族聚居的土司武官承袭、封赠等事。

② 六科给事中：明代官名，主要作用是谏言，分察吏、户、礼、兵、刑、工六部之事，纠其弊误。

③ 戚贤：（1492—1553）明南直隶全椒人（今安徽省滁州市），字秀夫，嘉靖五年进士，历任归安知县、吏科给事中、刑科都给事中，有政声。在归安知县任内拜王阳明为师，是王畿的同门。

④ 九庙：指帝王的宗庙。古时帝王立庙祭祀祖先，有太祖庙及三昭庙、三穆庙，共七庙。至王莽时增为祖庙五、亲庙四，共九庙。历代皆沿此制。

⑤ 清班：清贵的官班。

⑥ 郎署：明代吏、户、礼、兵、刑、工六部诸清吏司郎官的别称。

⑦ 时宰：当时的宰相夏言。夏言（1482—1548），字公谨，贵溪（今江西省贵溪县）人。曾在嘉靖年间两次入主内阁。

⑧ 票旨：明代内阁学士代皇帝拟答章奏，把批语书写在票签上，贴各疏面，谓之"票旨"。

> 名为圣解，实则未了凡心。名实未副，其谁与我？所自信者，此生尚友之志，与人同善之念，孜孜切切，若根于性，不容自已。海内同志亦多以是信而原之、爱而归之，或见推为入室宗盟，将终身以性命相许，庶足以慰心耳。

| 今译 |

名义上讲得是圣人之学，实际上却未能脱离凡心。名实不相符，谁会赞赏我呢？能够稍稍自信的，也就是我这辈子追求同道的志向、与人同善的想法，孜孜切切，就像植根在天性之中的一样，不能停息。四海之内的同志也多因此而信任我、原谅我、爱护我、亲近我，还不时推许我为盟会里的重要人物，而他们也愿意将一辈子性命托付给我，这是值得我安慰的地方。

夫弭①灾之术有三：或强而拒之，或委而安之，或玩而忘之。然而其归，远矣。学贵着根，根苟不净，营于中而犍于外，是强制也。其能久而安乎？上士以义安命，其次以命安义，动忍增益②以精义也。若以为无所逃而安之，岂修身立命之学乎？吾人以七尺之躯，寓形天地间，大都以百年为期。中间得丧好丑，变若轮云，特须时耳。生时不曾带得来，死时不能带得去，皆身外物也。倏③聚倏散，了无定形，消息盈虚，时乃天道。自达人观之，此身为幻影，日改岁迁，弱而壮，强而老，形骸荣瘁且不能常保，况倏然身外之物，役役然常欲据而有之，亦见其惑矣。世固有不随生而存，不随死而亡，俯仰④千古，有足以自恃者。不此之务，徒区区于聚散无定之形，以为欣戚，亦见其惑之甚矣。

| 今译 |

　　消除灾变影响的方法有三种：抗拒它，接受它，或者忘记它。无论哪一种，若追问起它们的归趣来，都还离得比较远。为学贵在有根本，根本如果不纯净，只是在内心刻意经营，从外面堵塞，就是强制，试问这样能历久而安吗？高明的士人用道义来安顿自己的性命，次一级的士人用性命来安置道义，通过精义震动

其本心，坚韧其性情，增加其所没有的才能。如果认为灾变是不可逃避的，于是就安然接受它，怎么能算是修身立命的学问呢？我们人类以七尺身躯，生活在天地之间，大抵以百年为期限。期间的得失好丑，变化就像浮云一样快，只是需要时间来改变罢了。生下来的时候不曾带过来，死掉的时候不能带去的，都属于身外之物。时聚时散，没有定形，消长盈虚，随时变化才是天道。从通达的人的观点看，人的身体只是幻影，岁月变迁，从弱到壮，从强到老，身体的好坏尚且无法得到保证，何况那些倏然来去的身外之物，劳苦不息地想要去占有它们，真是不明智啊。世界上当然有不随生而存在，不随死而亡去，超越主时间的久暂，独立而自足的东西。不去寻究这个，而执着于聚散无定的形体，为它们感到高兴悲哀，真是不明智到了极点。

｜ 简注 ｜

① 弭（mǐ）：消除。

② 动忍增益：语出《孟子·告子下》："故天将降大任于是人也，必先苦其心志，劳其筋骨，饿其体肤，空乏其心，行拂乱其所为，所以动心忍性，增益其所不能。"动忍增益就是"动心忍性，增益其所不能"的缩写，意为震动其本心，坚韧其性情，增加他所没有的才能。

③ 倏（shū）：犬疾行貌。引申为疾速，忽然。

④ 俯仰：一俯一仰之间，形容时间短暂。

予为此言，未敢以为能忘，亦习忘之道也。因此勘得吾儒之学与禅学^①、俗学^②，只在过与不及之间。彼视世界为虚妄，等生死为电泡^③，自成自住，自坏自空，天自信天，地自信地，万变轮回，归之太虚^④，漠然不以动心，佛氏之超脱也。牢笼世界，桎梏生死^⑤，以身徇物^⑥，悼往悲来，戚戚然若无所容，世俗之芥蒂^⑦也。修慝行愆^⑧，有惧心而无戚容，固不以数之成亏自委，亦不以物之得丧自伤，内见者大，而外化者齐，平怀坦坦，不为境迁，吾道之中行也。古今学术毫厘之辨亦在于此，有识者当自得之。

| 今译 |

我说这些话，并不是认为自己已经能超越它们了，我也只是在学习超越它们的办法。由此，我理解了我们儒家的学问和禅宗、世俗学问之间的区别，其实只是在过与不及之间。禅宗把世界看成是虚妄的，把生死看成梦幻泡影，自成自住，自坏自空，天自信天，地自信地，万变轮回，最后总归之于太虚，对万事万物都能漠然不动心，这是佛教的超脱精神。为这个世界的一切所束缚，被死生所囚禁，用自己的生命追求身外之物，哀悼逝去的东西，害怕即将到来的

事物，为此忧惧到好像无处安身，这是世俗的局限。而改正自己的错误，有恐惧之心，无忧虑之容，不因为命运成败而自暴自弃，也不因事物得失而自怜自伤，内心足够广大，对外交接时能够随物而变，胸怀坦荡，不因环境的改变而改变，这是我们儒家的中行之道。古今学术的毫厘之辨就在这里，有识之士自能体会。

简注

① 禅学：佛教禅宗的学问。

② 俗学：世俗流行的学说。古代中国士人喜欢以此指代他们所不认同的、缺乏深刻义理的学说。

③ 电泡：佛教语，《金刚经》："一切有为法，如梦幻泡影，如露亦如电，应作如是观。"闪电和泡沫都是转瞬即逝的事物，故有此比。

④ 太虚：谓空寂玄奥之境。原是道家用语，后被佛、儒二家借用。

⑤ 牢笼世界，桎（zhì）梏（gù）生死：被世界所束缚，为生死所囚禁。桎梏，囚禁、束缚。

⑥ 以身徇物：用自己生命的追求身外之物。徇，以身从物之意。

⑦ 芥蒂：介意，在意。

⑧ 修慝（nì）行慝：改正错误。修，修正；慝，罪恶；行，修正；慝，错误。

不肖年逾七十，百念已灰，潜伏既久，精神耗涸，无复有补于世。而耿耿苦心，惕然①不容自已者有二。师门晚年宗说，非敢谓已有所得，幸有所闻，心之精微，口不能宣。常年出游，虽以求益于四方，亦思得二三法器，真能以性命相许者，相与证明领受，衍此一脉如线之传。孔氏重朋友之乐，程门兴孤立之嗟，天壤悠悠，谁当负荷？非夫豪杰之士，无待而兴者，吾谁与望乎！夫经以明道，传以释经②，千圣传心之典也。粤自哲人萎，而微言绝，六经四书之文，扼于秦火，凿于汉儒之训诂，淆于后儒之忆测附会，道日晦而学日荒，盖千百年于兹矣。我阳明先师首倡良知之旨，阐明道要，一洗支离之习，以会归于一，千圣学脉赖以复续。夫良知者，经之枢、道之则③。经既明则无籍于传，道既明则无待于经。昔人谓"六经皆我注脚"④，非空言也。不肖晨夕参侍，谬承受记，时举六经疑义叩请印证，面相指授，欣然若有契于心。仪刑⑤虽远，謦欬⑥尚存，稽诸遗编，所可征者，十才一二。衰年日力有限，若复秘而不传，后将复晦，师门之罪人也。思得闭关却扫，偕志友数辈，相于辨析折衷，间举所闻大旨奥义，编摩纂辑，勒为成典，藏之名山，以俟后圣于无穷。岂惟道脉足征，亦将

以图报师门于万一也。所幸良知在人，千古一日，悯予
惓惓苦心，将有油然而应、翕然而相成者，岂徒终于泯
泯而已哉？知我者谓我心忧，不知我者谓我何求⑦。

今译

　　我是年过七十的人了，百念俱灰，退隐的时间久了，精神衰耗，不能再对这
个世道有什么补益。但耿耿苦心，不能自已的事情还有两件。第一是老师晚年的
学说，我不敢说自己有什么很深的体会，但还是幸运地有所耳闻，内心领悟到的
一些精微之处，口头上无法讲出来。这些年我经常出行，一方面是为了求教于四
方的高明之士，另一方面，也是为了能找到两三个能继承老师学问的人，和他们
相互证明领受，将师门的血脉延续下去。孔门重视友朋间的快乐，程门有孤立无
友的感叹，天地悠悠，谁能担负这个责任。除了那些豪杰之士，不依赖他人而自
己能兴起的，我还能期望谁呢！六经是用来明道的，传记是用来解释六经的，经
传都是千古圣贤传授心得的经典。自从哲人逝去之后，微言大义都没有了，六经、
四书经过秦朝大火的劫难，汉朝儒生训诂的穿凿索解，后代儒者的猜测附会，
已经遭受很大的破坏了。道逐渐隐晦，而学逐渐荒废，已经有成百上千年的历史
了。阳明老师首次提倡良知的宗旨，阐明道的精要，一洗儒门支离琐碎的陋习，
把学问会归为一，千年圣贤的学脉因此得以延续下去。良知是经的枢纽、道的

准则。经如果明白了，就不需要依靠传，道如果明白了，就不需要依靠经。以前的人说过："六经都是我的注脚。"这不是空话。我早晚侍奉在老师身边，蒙他把我当成他的传人，我常常以六经中的疑问向他请教，他总是当面为我答疑解惑，我也欣然好像有所领悟。现在老师人虽然不在了，但他的言谈还存留在我的记忆里。拿这些对话与他的著作互相印证，发现被记载下来的只是他所说的十分之一二而已。我已经老了，来日无多，精力有限，如果再藏起来秘而不传，以后知道的人肯定更少，那样的话，我就是师门的罪人了。我想闭关谢客，和几位同志好友一起讨论辨析，把从老师那里听来的大旨奥义编辑成书，藏之名山，以待后圣去学习。这不止是为了给道学一脉提供参考，也是为了报答老师的恩情啊。所幸良知在于人心，千古就如同一天，上天怜悯我的苦心，将会有油然而兴起、翕然而相互成就的人出现，大道哪里会一直隐没呢！了解我的人知我心内忧愁，不了解我的还以为我有所求。

| 简注 |

① 惕然：恐惧貌。

② 经以明道，传以释经：道，宇宙万物的本原、运行法则；经，儒家的经典著作，如《易》《诗》《书》《礼》《春秋》；传，对经的解说著作。

③ 经之枢、道之则：经的枢纽，道的法则。

④ 六经皆我注脚：语出陆九渊《语录》："学苟知本，六经皆我注脚。"意即学问如果有根本，能与道合，六经就只是我的注脚。

⑤ 仪刑：楷模，典范。

⑥ 謦（qìng）欬（kǎi）：咳嗽声，引申为言谈。

⑦ 知我者谓我心忧，不知我者谓我何求：语出《诗经·王风·黍离》，意为：了解我的人知道我心忧愁，不了解我的人问我："你还在追求什么呢？"

尝闻之，尧舜而上善无尽，孔子"从心"以后学无尽，武公①老耄尚不忘箴警②，古人进道无穷之楷式。天之所以警惧于我，正洗肠涤胃，阴阳剥复③之机，殆将终始尚友之志、同善之心，而玉之成也。苟讼不由中，复籍以为文过之图④，是重见恶于鬼神也，岂忍也哉！漫书以示儿辈，庶家庭相勉于学，以盖予之愆，亦消灾致福之一助也。

| 今译 |

曾经听说，尧舜从不停止为善，孔子达到"从心所欲不逾矩"的境界以后从不停止求学，卫武公老年的时候还不忘虚心纳谏，这些都是古人求道没有止境的典范。老天以灾变警戒我，正是我改变自我，重新开始的好时机。我将带着尚友之志、同善之心，来成全它。如果自我反省不是发自内心，还文过饰非来欺骗他人，一定会再一次受到鬼神的厌恶，我怎么忍心这样呢！随手把自己想到的写

下来给后辈们看看，希望我们一家人可以相互勉励进学，以修补我的错误，这也是消灾致福的一种助益。

简注

① 武公：卫武公（约前852—前758），姬姓，卫氏，名和，卫国第11任国君。相传卫武公95岁时仍能虚心纳谏。《国语·楚语》："昔卫武公年数九十有五矣，犹箴儆于国，曰：'自卿以下至于师长士，苟在朝者，无谓我老耄而舍我，必恭恪于朝，朝夕以交戒我；闻一二之言，必诵志而纳之，以训导我。'在舆有旅贲之规，位宁有官师之典，倚几有诵训之谏，居寝有亵御之箴，临事有瞽史之导，宴居有师工之诵。史不失书，蒙不失诵，以训御之，于是乎作《懿》戒以自儆也。及其没也，谓之睿圣武公。"

② 箴儆：规谏警戒。

③ 阴阳剥复：阴阳消长。剥、复，《易》二卦名。坤下艮上为剥，表示阴盛阳衰。震下坤上为复，表示阴衰阳盛。

④ 罔（é）：欺骗。

实践要点

1570年底，73岁的王畿遭遇了这场火宅。建筑、家具焚毁且不说，连他珍藏的老师阳明先生的遗墨也化成灰烬了。他痛定思痛，对自己的修为作了痛切深刻的反思，一方面是自表心迹以警示自己，另一方面告诫子孙要吸取教训，互相勉励督促。于是有了这篇自讼文字。

要点有三：

一、面对无常的灾难，真诚剖析自己在德行修养上有不足，如：昧着良知做亏心事、在别人面前掩盖自己过错、潜意识里有欺诈的念想、对人党同伐异、享受太过分而折损了福分……生命历程中的缺点基本检点搜查了一遍，以求悔过自新。

二、宣示自己基于儒家立场的命运观："以义安命"，用道义来安顿生命。他认为佛教把世界看成无常虚幻，一切祸福都是有因果轮回，所以努力炼就一颗漠然不动之心；世俗的学问又太执着于得失祸福，一味追求功利，最后丧失了自我，活在牢笼里不得自在；儒家能把持中道，无过无不及，既不把成败推诿给命理气数，亦不因得失而自伤，心胸坦荡，不因外境而改变对道义的坚守。

三、表达了自己不因火灾、不因年迈而动摇自己修养心性、弘扬师教的坚定信念，继而感恩上天对自己的警告，最后是勉励自己、勉励家人子孙要加倍用功改过迁善，砥砺德行，全家才能消灾致福。

这篇文章启发我们：道德修养与现实的幸福是紧密相连的。面对人生命运的无常，首先是反省过失，勇于承担，而不是去怨天尤人。现世的祸福得失固然有不可控因素，不完全能自我把握，但我们能做到的是把持自己的良知，提高自己的修养，调整自己的心态，用心去尽好做人做事的责任，所谓"尽人事以待天命"，若能做到这样，就算不能完全做到趋吉避凶，也肯定能把损失减少，增强幸福感与正能量。问心无愧，精神上的安适坦然，这难道不是一种幸福吗？这就是王畿所标榜的儒家"修身立命之学。"

北行训语付应吉儿^①

汝此行应试，途中朝夕起居，须慎动弗妄作劳。读书作文之暇，时习静坐，洗涤心源，使天机^②常活，有超然之兴。举业^③不出读书作文两事，此是日履课程。读书时，口诵其言，心绎其义，得其精华，而遗其粗秽^④，反身体究^⑤，默默与圣贤之言相符，如先得我心之同然，不为言诠所滞，方为善读书。作文时，直写胸中所得，务去陈言，不为浮辞异说，自然有张本^⑥、有照应、有开阖^⑦，变化成章而达，不以一毫得失介于其中，方是善作文。此便是见在感应实事，便是格物致知实学，便是诚意实用力处。读书如饮食，入胃不能游溢输贯，积而不化，谓之食痞^⑧。作文如写家书，句句道实事，自有条理，若替人写书，周罗^⑨浮泛，谓之绮语。于此知所用心，即举业便是德业，非两事也。第一以摄养精神为主，胸中常若洒然，不挂一尘，戒欲速。欲速则不达，业此反无头绪。进场十日前，切忌看书，拈弄文艺，反将精神泼撒^⑩。时时安闲静默，以无心应缘。息思虑、寡嗜欲，则神自清；薄滋味、禁躁妄，则气自和。优游含育，如不欲战，北海之珠，得于罔象⑪。只此是学。积深而发自裕，心明而艺自精。临文沛然，一泻千里，所谓"行乎其所当行，止乎其所不得不止"⑫，乃分内勾当也。此予已试之方，切宜勉之！

你这次去考试，途中的生活起居，需要谨慎处理，不要徒劳地浪费精力。读书写作之余，时时学习静坐，洗涤本心，使灵性经常处于活泼的状态，有超然物外的意趣。科考主要就是读书和作文两件事，这是每天都要做的课程。读书的时候，口里朗诵着书中的话，心里寻绎着它的内涵，取其精华，弃其糟粕，反求于己，做到言行与圣贤的话相符合，就像他只是先说出我心中所想一样，不被语言的表象牵绊，这才叫作善于读书。至于写文章时，要直接写出心中所想，不要重复那些人人说过的话，不作浮华的辞章，不谈论异端的学说，这样文章自然有伏笔，有照应，有铺陈，变化成章而充分表达，不使一毫的得失之念存于心中，这才是善于写作的人。这就是当下感应实事，就是格物致知的实学，也就是诚意实实在在在用力的地方。读书就像饮食，进到胃里如果不能流动输送给身体，就会积食。写文章只需要像写家书一样，句句说真事，条理自然清晰，如果像替别人写书一样，空疏浮泛，就称为"绮语"。知道在这两方面用心，那么，考试也就成了德业，两者就不会变成不相关的两件事了。凡事首先要收摄精神，胸中洒脱，不挂一尘。要警戒求快，所谓欲速则不达，老是想着把事情快点解决，行动起来反而没有头绪。进考场前十天就不要看书了，这时候练习文艺，反而会使精神分散。要时时安闲静默，以平常心应对即将发生的事情。平息思虑，减少欲望，精神自然会清朗；不追求美食，不轻易躁动，气性自然会平和。优游不迫，包容化育，像不想去竞争一样，中举自然会水到渠成。黄帝在北海遗失的珠子，最后却被象罔找到，就是因为这个原因。积累深厚，写文章时自然感到游刃有余；内心灵明，文章的技巧自然纯熟。到写作的时候，速度极快，一泻千里，所谓在应该前行的时候前行，在不得不停止的时候停止，这才是写作应该有的样子。这是我已经试过的方法，你也应该以此自勉。

| 简注 |

① 应吉：王应吉，王畿三子。

② 天机：指灵性。谓天赋灵机。

③ 举业：指与科举考试相关的学业。

④ 粗秽：粗浊污秽。

⑤ 体究：体察考究。

⑥ 张本：预先的伏笔。

⑦ 开阖 (hé)：指诗文结构的铺展、收合等变化。

⑧ 食瘕：积食。

⑨ 周罗：包揽。

⑩ 泼撒：把东西向外倒洒，使散开。

⑪ 北海之珠，得于罔象：出自《庄子·外篇·天地》："黄帝游乎赤水之北，登乎昆仑之丘而南望还归，遗其玄珠。使知索之而不得；使离朱索之而不得；使吃诟索之而不得也。乃使象罔，象罔得之。黄帝曰：'异哉！象罔乃可以得之乎？'"指不求而得。罔象，同"象罔"，人名，比喻无心寻求。

⑫ "行乎其所当行"句：语出苏轼《答谢民师书》论作文之法，原作"常行于所当行，常止于所不可不止。"

> 世人多以酒肉厌饫为养，纵情昏睡为乐，汩神乱气，反伤其活泼①之机。非徒无益，害有甚焉。且心不可以二用，若一心在得，一心在失，一心在文字，是三用矣。仓皇应酬，宁有佳思？此世人之通病也。切宜戒之！

| 今译 |

世上的人多把饱食酒肉当成养生，把纵欲昏睡当成快乐，这是汩乱气神，反而会伤害性灵中的生机。不仅没有好处，还有严重的坏处。而且一心不能二用，一心在得，一心在失，一心在写作，这是一心三用了。仓皇应付，怎么会有好的构想呢? 这是世人的通病, 你应该引以为戒。

| 简注 |

① 活泼: 富有活力, 富有生气。

> 人事不可不尽, 得失迟速, 有数存焉。象山所谓
> "务正学以言, 岂必皆天命之所遗, 主司之所弃"①, 安
> 以待之, 不须将迎意必, 徒放心耳。此为吾儿举业, 开
> 此方便法门。若大丈夫立远志、崇大业, 此身自有安身
> 立命所在, 眼前区区得失, 非所论也。

| 今译 |

人事不可不尽, 但得失、快慢也受运气的影响, 所以陆象山会说:"就按正统学说教导的那样去写作吧, 这样写出来的文章, 不会一直被命运、被主事者所遗弃的。"用平常心去对待它, 没有必要去有意逢迎, 那样只能让人心思混乱。这只是我为你参加考试总结的一些可能有用的方法, 如果是大丈夫树立远大志向、追求崇高的事业, 世上自然会有他安身立命的地方, 像科举这种眼前的小小得失, 是不必在意的。

①"象山所谓"句：语出陆九渊《贵溪重修县学记》："稍有识者，必知患之。然不徇流俗而正学以言者，岂皆有司之所弃，天命之所遗？先达之士，由场屋而进者，既有大证矣。是固制时御俗者之责，为士而托焉以自恕，安在其为士也。"

| 实践要点 |

应吉是王畿的第三个儿子，"性颇和敏"，"幼有远志"，是块读书求道的材料，所以父亲寄望他能继承衣钵，致力于心学的修持与弘扬。应吉一开始汲汲于谋取功名，想在科考得中后再追求成圣作贤的德业。后来在父亲的门人影响下，与八位有志儒士共结学社，焚香立盟，推举王畿为盟主，矢志不渝追随父亲修习圣学。王畿虽觉察到儿子"凡心习气未易消融"，但仍耐心给予支持指导。应吉如父亲所料，"未脱功利巢臼"，求道之志不迫切，所以在修习、科举的路上不算顺利。万历七年（1579）中了举人后，多次北上会试落第，直到万历二十年（1602）才中了进士，总算圆了科举梦，此时离王畿逝世已经二十年。面对儿子的失利，王畿并没有动心。他曾写信对友人说："小儿失意南还，相爱者多辱慰谕。区区未尝以此动心。迟速利钝，自有缘数。"（《王畿集》卷十《与朱越峰》）

此文要点如下：

一、从根本原则上说，举业即德业。看似功利的作文应试，也是成就德行的事业，从阳明心学的角度看，读书作文不离良知的感应，是格物致知的实实在在的学问。

二、从应试技巧上说，读书要"活"，不要死抠字面意思，要"反身体究"，读透字眼背后的真意，与圣贤的心相应。作文要"实"，像写家书一样说实话、道实事，情感朴实，不要浮夸。

三、从身心调养上说，要戒除口腹之欲，保养精神，切忌临阵磨刀，躁进贪速。把考试看作实现人生志向的手段，凡事看长远，看淡一时的得失。

写这篇文章是因为儿子要北上赶考而指导勉励一番，此时龙溪已经接近生命的终点，耄耋老翁，谆谆教诲的一片慈心令人动容，他豁达圆融的心态也值得天下父母学习。

这篇文章还可与王阳明的《与徐曰仁》互相参究，对考试的态度、指导思想是一致的，还明确阐发了阳明德业即举业的思想，对今天广大考生备考还是有重大的启发意义。

遗言付应斌应吉儿

我平生得个"恕"字受用。持己待人，两无妨碍，恕便是保命符。人心不平，责人常过，反己常不及，便是不恕。自圣学不明，人人失其本心，世之所谓道谊者，未免从功利起根，道谊装缀枝叶耳。虽在豪杰，非超然自信本心，未有能脱其窠臼者。莫亲于父子，莫密于兄弟，父子兄弟之间，不从一念独知处觉照，名为道谊，只了得功利作用，此是千百年种来根子。前所谓恕之一字，便是我一生受用功夫，儿辈若信得及，不但做人，虽作圣功夫，亦始于此。

| 今译 |

我平生因为一个"恕"字而受用无穷。因为它的缘故，才能做到对己对人中做到游刃有余。恕是保命符，人心不能持平，要求别人常常过分，反求诸己常常不够严格，这就是不恕。自从圣学不昌明，人人失去了他们的本心，世上那些所谓追求道的人，未免都是从功利角度出发的，道只是他们用以点缀的枝叶而已。即使是豪杰，若非超然自信本心，也没有能够摆脱这个窠臼的。亲密莫过于父子兄弟，父

子兄弟之间，若不从一念独知处去觉察观照，名为求道，实际也只是功利在发生作用，这是千百年来种下的根子。之前所说的"恕"这一字，就是我一生受用不尽的功夫，你们如果能够相信它，不但做人，即使是作圣的功夫，也是从它开始。

应斌①性颇警直，应吉②性颇和敏，皆未能脱功利窠臼。若善用之，可免恶道。师门致良知二字，人孰不闻？惟我信得及。致良知功夫，彻首彻尾，更无假借，更无包藏掩护，本诸身、根于心也，征诸庶民，不待安排也。真是千圣相传密藏，舍此皆曲学③小说④矣。明道云："吾学虽有所受，天理二字是吾体贴出来。"⑤吾于良知亦然。此知常惺不昧⑥，反观内照，自有许多未尽善处，无暇责办他人。所谓强恕而行，终身无碍之道也。

| 今译 |

应斌性格比较警戒正直，应吉性格比较温和敏锐，都不能脱离功利的窠臼。但如果善于应用它们，也可以避免堕入恶道。师门的"致良知"三个字，有谁是不知道的？但只有我能够彻底相信。致良知的功夫，彻头彻尾，没有可以假托的地方，更没有可以保藏掩护的地方，本于身、根于心，求证于百姓日用，不用刻意安排。真是千百圣人相传的奥秘，如果偏离了这个，就都是邪说俗学。明道先生说："我的

学问虽然有所传承，但'天理'二字却是我自己体会出来的。"我之于"良知"，也是如此。这个知只要常常清醒不晦暗，反观自身，自然就能发现许多不够尽善尽美的地方，也就没有时间去责备他人了。这就是所谓秉持恕道而行，终身无碍的道理。

｜ 简注 ｜

① 应吉：王应吉，王畿三子。

② 应斌：王应斌，王畿次子。

③ 曲学：邪说。

④ 小说：偏颇琐屑的言论。

⑤ "明道云"句：北宋大儒程颢语，见《二程集》。

⑥ 常惺不昧：常惺，佛教语，指长久地保持清醒的觉知；不昧，不晦暗。

我平生诗文语录，应吉可与张二舅①、蔡前山②整理。中间有重复者，有叙寒温、无关世教者，俱宜减省，或量为改易，务使精简可传，勿尚繁侈。所有天真祠宇③产业，是先师眷念栖神之所，我一生精神经营在此，今皆废毁，思之伤心。已再三叮嘱赵麟阳世丈④，俟萧允隅⑤军门到任，借重一言，必有兴复之意。且瑞楼⑥亦将回家，可与商确，务促其成，弗失机会。

    我平生诗文语录，应吉可以和张二舅、蔡前山一起整理。其中有重复的、有只是亲友之间互相问好应酬、对世教无所裨益的，都应该减省，或者适当改写，一定要使它精简可传，不可一味贪多。祠堂庙宇的产业，是先师阳明先生顾念和神明栖息的地方，我一生精神贯注在此，现在几乎都废弃毁坏了，想想就让人伤心。我已经再三叮嘱赵麟阳，等萧允隅到任，借重他的地位，一定会有兴复的希望。而且瑞楼也快回家了，你们可以和他商量，一定要把这件事促成，不可错失机会。

| 简注 |

① 张二舅：王畿原配为张安人，此张二舅应指张安人的兄弟。

② 蔡前山：生平不详。

③ 天真祠宇：天真书院，又称天真精舍，因杭州天真山（玉皇山南部山岭）而得名，嘉靖九年（1529）秋由薛侃为首的阳明弟子众筹建成，一开始为阳明祀祠，后逐渐扩建为全国性的私人讲学场所，到明万历三十七年（1609）开始逐渐为官办的虎林书院所取代，持续了近百年。王畿曾主管天真书院。

④ 赵麟阳：名锦，王畿弟子。《龙溪集》中有《赵麟阳赠言》。在王畿去世前一天，赵麟阳还曾去看望过他，见查铎《纪龙溪先生终事情》。

⑤ 萧允隅：生平不详。

⑥ 瑞楼: 生平不详。

应祯①早世无嗣，长妇寡居，应斌又未生子，应古可将长子继晃②过房为应祯后。以嫡继嫡，情理俱顺。向已议及，尚未举行，可即告庙行事，庶寡妇有依，幽灵有主，我心方自慰也。

| 今译 |

应祯很早就去世了，没有后人，他媳妇守寡，应斌又没有生孩子，应吉可以把自己的长子继晃过继给应祯做后人。以长子继承长子，于情于理，都很顺当。这个问题之前我们已经讨论过了，只是还没有落实，你们可以即刻禀告祖先后举行。好让寡妇有所依靠，死去的人有所主，这样，我的内心才能得到安慰。

| 简注 |

① 应祯: 王应祯，王畿长子。早卒，生女一。
② 继晃: 王应吉长子，后过继给王应祯为后。

我身与太虚同体，自去自来，原无牵挂。勿以我谷食能进，望我久住。去来如旦暮，呼吸之间，便成别境。但应斌宦游远方，不及相见，彼此亦未能忘情耳。儿辈得出身仕途，我非不喜，然非我深愿。更须将学问理会，发个必为圣贤之志，以父子兄弟为师友，立定脚根，检饬①收摄，勿为种种世情缁染②汩没，坦然平怀，谦恭和顺，勿作掩藏计较、利己妨人伎俩，方是一生受用处，即便是善继善述之孝也。

| 今译 |

我的身体与天同体，自来自去，本就没有什么牵挂。不要认为我现在还吃得下饭，就希望我活得再久一些。人生来去，就像白天和夜晚，一呼一吸的工夫，可能就去了。只是应斌在远方做官，来不及相见，未免不能忘情。你们有能力做官，我当然不会不高兴，但这还不是我最深切的愿望。你们更要理会学问，立志当圣贤，把父子兄弟当成问道的朋友，站稳脚跟，时时约束自己，时时收摄自己，不要被种种世俗的情感污染淹没，胸怀坦荡，谦恭和顺，不要做那些斤斤计较、损人利己的事情，这才是你们一生能够受用的地方，也符合善于继承、善于传述的孝道。

① 检饬：检点，自我约束。

② 缁染：受到污染。

> 吾所言，特其梗概，百凡言不能尽，在儿辈体之而已。
>
> 老翁龙溪书付应斌、应吉儿作座右铭。

| 今译 |

我所说的只是一个大概，凡是言语所不能尽的地方，都要靠你们自己去体会。

老翁王龙溪写给儿子应斌、应吉作座右铭。

| 实践要点 |

王畿的正房太太张氏不育，侧室钟氏生了三个儿子：应祯、应斌、应吉。应祯早逝，留下妻女，没有儿子继嗣。王应斌任武科官都司掌印、都指挥佥事，是正三品的军事指挥职务，镇压过土匪叛乱，立有军功。他出身书香门第而走上

戎马征途，可见龙溪在儿辈择业问题上很开明，随材培养。小儿应吉万历二十年中进士后任吏部员外郎。

这篇遗嘱是王畿对自己一生的回顾总结，也是对两个儿子的嘱托，告诫他们勿丢失本心，陷入世俗功利，把道义当成装点门面的东西，儿辈能成圣作贤才是父亲最大的遗愿。人之将死，其言也善，措辞真诚恳切。要点如下：

一、总结自己一生最受用得益的工夫是恕道。恕就是用良知反观内照，反省到自己有许多未尽善的地方，就自然没有闲暇去责备他人。这也是孔子立下的"躬自厚而薄责于人"的省过传统。

二、交代身后事，包括诗文著述、产业的处理以及安顿长子遗孀。注意其中产业指的是他苦心经营的杭州天真书院，而不是私产。他念兹在兹的始终是讲学弘道，不辜负先师阳明的教诲。

三、表明视死如归的豁达心境。人老了，生死只是在呼吸之间的事，死是回归自然，来去无须牵挂。这是龙溪深刻的生命了悟。

遗留丰厚的家产，不如勉励后代求学修德。遗传优秀的DNA，不如遗传致良知的学问。

附二：邹守益家训

邹守益（1491—1562），字谦之，号东廓。明正德六年（1511）参加会试。当时王阳明是同考官，取他为会试第一。廷试名列第三，授翰林院编修。第二年因病告归故里，到赣州拜入阳明门下。嘉靖皇帝即位，邹守益开始从政为官，任南京吏部郎中。嘉靖三年（1524），因进谏触犯皇帝，被贬谪为广德州判官。在广德，邹守益"撤淫祠，建复初书院，与学者讲授其间"，对广德的学风产生了长远的影响。当时的广德士民为他立生祠以示纪念。嘉靖五年（1526），邹守益回到安福，与同道等人建立讲会，宣扬阳明学说。嘉靖十八年（1539），邹守益出任司经局洗马，充经筵讲官，后改任常寺少卿兼侍读学士，出掌南京翰林院。不久出任国子监祭酒，在任期间大力整顿学风，严格学校管理，深受学子欢迎。嘉靖二十年（1541），邹守益因直谏削职归乡以后，从此专心从事讲学活动，"一以觉人垂后为己任"，"每朔望众诸生讲析明伦堂"，"言明白简易，学者多所启悟"。他为学一尊师说，提揭"戒惧"说，以戒慎恐惧来致良知，遏制玄虚之说，被认为代表了王门正传，是江右王门的领袖人物。

邹守益以儒家正学传家，一家三代中有数人称名于世。邹守益的长子邹义，号里泉，自幼聪明颖慧，长大后随父拜见过王阳明，对王阳明非常仰慕。邹义曾入国学，肄业后因讲经而名震京师，先后讲学于青原、白鹭、天真、武夷等处，官至顺天通判。邹守益的第三子邹善，安继甫，号颖泉，嘉靖三十五年（1556）进士，历任刑部主事、山东督学、广东右布政、太常寺卿。他继承乃父遗风，致力讲学，在任山东督学期间就经常率诸生讲明圣学，其所选拔之人才"后皆为名贤"。邹善回归故里以后，更是全力投入讲会，每日聚讲不辍。邹守益的孙子一辈也人才济济，其著名者有：邹德涵，字汝海，邹善长子，隆庆五年（1571）进士，授刑部主事。张居正当朝时，严禁讲学，他仍求友自若，不为所惧。邹德溥，字汝光，号泗山，邹善次子。万历十一年（1583）进士，充经筵讲官。出任洗马，辅导东宫，三任土考，与其父一样，所取之士后皆为名士。邹德泳，字汝圣，邹守益次子邹美之长子，万历四十四年（1616）进士，官至御史、太常少卿、太常正卿。

邹氏家族以申论阐扬师说为宗旨。邹守益"申论师说而不疑，述其师说而不杂"，极力传扬阳明心学。邹德泳在讲学过程中也坚持"推本守益遗教，一以忠恕为要"。无论为官为民、在朝在乡，邹氏家族皆"天姿纯粹，忠君爱民"。为后人明示了一种醇正的仁者家风。这种家风来源于精粹的学风。他们世代注重教育，广修书院，兴办讲会，积极参与地方政务和公益。邹守益家中也有讲学之地，称"东廓山房"，他创办的青原山讲会是当时王门最有影响的讲会，祖孙三代相继主盟青原、复古、复真、东山等大型讲会，延续六十余年，为明代地方文教的发展作出了重大贡献。

书壁诫子妇

　　"宛彼鸣鸠，翰飞戾天；明发不寐，有怀二人。"① 兄弟相与劝勉，不坠其世泽也。"各敬尔仪，天命不又"②，须臾不敬，则违天矣。"夙兴夜寐，无忝尔所生"③，须臾不敬，则辱亲矣。"温温恭人，如集于木；惴惴小心，如临于谷"④，无众寡，无小大，无往而不敬也。以是事亲谓之孝，以是事天谓之仁，故君子之守笃恭而天下平。"女曰鸡鸣，士曰昧旦；子兴视夜，明星有烂"，⑤ 夫妇相与儆戒，不流于燕昵也。"将翱将翔，弋凫与雁"⑥，射御礼乐⑦者，男子之所有事也。"琴瑟在御，莫不静好"⑧，静者，妇德之正也。"知子之来之，杂佩以赠之；知子之顺之，杂佩以问之"⑨，轻利而好善，则人乐告之以善矣。以内则悦夫亲，以外则信夫友，盛德大业，胥此焉出。故王化之本，始于闺门。

"那个小小斑鸠鸟，展翅高飞在云天。直到天明没入睡，又把父母来思念。"这是兄弟之间相互劝勉，不坠累世恩泽的话。"请各自重慎举止，否则天恩不会再降临"，有片刻的不敬，就是违背上天的意愿。"起早贪黑不停歇，不辱父母的英名"，有片刻的不敬，就是侮辱先人。"温和恭谨那些人，就像站在高树上；担心害怕真警惕，就像身临深谷旁"，不论多少，不论大小，在任何情况下都要讲究敬。以这样的态度侍奉父母就是孝，以这样的态度侍奉上天就是仁，所以君子谨守恭敬，天下就能太平。"女子说：'公鸡已鸣唱。'男子说：'天还没有亮。不信推窗看天上，启明星已在闪光'"，这是夫妇相互警戒，使生活不止流于亲近之欢。"宿巢鸟雀将翱翔，射鸭射雁去芦荡"，射箭、骑马、礼仪、音乐，是男子所从事的事务。"女弹琴来男鼓瑟，和谐美满在一块"，娴静是女德最为核心的部分。"知你对我真关怀，送你杂佩答你爱。知你对我体贴细，送你杂佩表谢意。知你爱我是真情，送你杂佩表同心"，轻视利益而重视道德，人们就会乐于把与善有关的事告诉她。对内使丈夫的双亲感到愉悦，对外使丈夫的朋友感到信任，一切伟大的道德和事业，都是从这里出发的。所以工化之本，始于闺门之内。

①"宛彼鸣鸠"句：语出《诗经·小雅·小宛》，原文为："宛彼鸣鸠，翰飞戾天。我心忧伤，念昔先人。明发不寐，有怀二人。"二人，即父母。

② 各敬尔仪，天命不又：语出《诗经·小雅·小宛》。仪，仪态。

③ 夙兴夜寐，无忝尔所生：语出《诗经·小雅·小宛》。忝，有愧于。

④ "温温恭人"句：语出《诗经·小雅·小宛》。

⑤ "女曰鸡鸣"句：语出《诗经·郑风·女曰鸡鸣》。

⑥ 将翱将翔，弋凫与雁：语出《诗经·郑风·女曰鸡鸣》。

⑦ 射御礼乐：古代君子必须学习射、御、礼、乐、书、数六种技艺。射，射箭；御，骑马；礼，礼节；乐，音乐。

⑧ 琴瑟在御，莫不静好：《诗经·郑风·女曰鸡鸣》。静好，美好的样子。

⑨ "知子之来之"句：《诗经·郑风·女曰鸡鸣》。

　　伊川先生谓张思叔曰："吾受气甚薄，三十而浸盛，四十五十而后完。今生七十三年矣，较其精力于盛年，无损也。"思叔曰："先生岂以受气之薄，而厚为保生邪？"伊川默然曰："吾以忘生徇欲为深耻。"①古之君子，敬爱其身，吁谟远猷，可以为法。乐羊子妻见其夫游学速归，引刀趋机，曰："此织生自蚕茧，成于机杼，一丝而累，以至于寸，寸累不已，遂成丈匹。今妾断斯机，则损成功，以废时日。夫子积学，当日知其无，以就懿德。若向道而行，中道而废，何以异于断斯织乎？"②古之淑女敬爱其夫，高识深虑，可以为法。

伊川先生曾经对张思叔说："我天生元气不足，到三十岁才逐渐变得强盛，四十、五十岁后精气神才比较完备。我今年七十三岁了，精力与年轻时候相比却没有什么损伤"。张思叔说："先生难道是因为先天元气不足，才如此注重养生的吗？"伊川先生沉默良久，才说："我觉得不爱惜自己的生命，一味满足欲望是一件非常可耻的事情。"古代的君子敬爱自己的身体，凡事做长远的打算，值得我们学习。乐羊子的妻子看到她的丈夫出去游学却很快又回来了，就拿着刀走到织布机旁边，说："这些丝织品都是从蚕茧中生出，又在织机上织成。一根丝一根丝的积累起来，才达到一寸长，一寸一寸地积累起来，才能成丈成匹。现在我如果割断这些正在织着的丝织品，那就会丢弃成功的机会，迟延荒废时光。您要积累学问，就应当每天都学到自己不懂的东西，用来成就自己的美德；如果中途就回来了，那同切断这丝织品又有什么不同呢？"古代的淑女敬爱她的丈夫，识见高卓，顾虑深远，可以作为效法的对象。

①"伊川先生谓张思叔"段：语出《二程遗书》："先生谓绎曰：'吾受气甚薄。三十而浸盛，四十五十而后完，今生七十二年矣，校其筋骨，于盛年无损也。'又曰：'人待老而求保生，是犹贫而厚蓄积，虽勤亦无补矣。'绎曰：'先生岂以受气之薄而后为保生邪？'夫子默然曰：'吾以忘生徇欲为深耻。'"伊川先

生即程颐；张绎（1071—1108），字思叔，程颐的学生。

②"乐羊子妻"段：典出《后汉书·列女传》："河南乐羊子之妻者，不知何氏之女也。羊子尝行路，得遗金一饼，还以与妻。妻曰：'妾闻志士不饮盗泉之水，廉者不受嗟来之食，况拾遗求利以污其行乎！'羊子大惭，乃捐金于野，而远寻师学。一年归来，妻跪问其故，羊子曰：'久行怀思，无它异也。'妻乃引刀趋机而言曰：'此织生自蚕茧，成于机杼。一丝而累，以至丁寸，累寸不已，遂成丈匹。今若断斯织也，则捐失成功，稽废时日。夫子积学，当日知其所亡，以就懿德；若中道而归，何异断斯织乎？'羊子感其言，复还终业，遂七年不返。"《列女传》是表彰汉代才华品德特别突出的女性的传记。乐羊子妻是作为能鼓励丈夫笃行致远的典范而被选入的。

| 实践要点 |

这篇家训是邹守益写给儿子、儿媳妇的。引用《诗经》、宋儒语录、列女故事来论证夫妇之道是天下太平的根本。

夫妇相处之道的要诀是：敬。夫妻之间容易流于亲昵欢纵，缺乏应有的敬意。古人推举的"举案齐眉""相敬如宾"都要突出一个"敬"字来节制男女情欲。敬是一种德性，夫妇之敬源于对共同的良善的追求。良善德性才是夫妇最恒久稳固的"黏合剂"，因为善能激发对枕边人的敬意，而敬意产生大美，或者说，良善、敬意本身就是美，超越了容颜肉身，永不褪色。东廓希望儿子能立大志成正业，效仿宋儒程伊川"敬爱其身"，不做欲望的奴隶。儿媳妇能"敬爱其夫"，效仿汉代的乐羊子妻，鼓励、成就丈夫实现远大志向。

今天是讲求男女平等的时代，不再如古时要求夫主妇从，我们完全可以把昔时单方面的付出与成全转化为互相成就志向，而古人提倡的彼此鼓励追求德性、保持尊重的敬意依然没有过时，反而在这个恣情纵欲、过度自我的时代更需提倡。

家 约

昔我祖宗，积德累行，以开有家。若靖斋公①之捍乱保乡，功在生灵；三节②之抚孤立家，烈在纲常；毅轩封君③之劬孝秉刚④，典刑在宗闾⑤。百余年来，始发于我易斋大夫⑥。笃于孝友，训于俊髦，以靖共于官箴⑦。我大宜人⑧以俭勤慈惠佐之，用是我蒙休荫，不坠书香。以天之福，亲炙先觉，取友四方，获齿于善类。抚迪尔等，各已成立矣。尔等宜思先业之艰难，以光于世德，以娱我晚节。

| 今译 |

当年我们的祖先积累德行，开创了这份家业。靖斋公平定叛乱，保卫乡里，功在百姓；三位节妇抚育孩子、主持家务，有功于纲常名教；毅轩封君的孝顺公正，成了宗族闾里争相仿效的楷模。一百多年后，从我父亲易斋大夫那里，我们家开始发迹了。易斋大夫切实履行圣人孝悌友爱的教诲，努力教育英才，恭谨地

奉守各项做官的戒规。母亲又以俭朴、勤劳、慈爱、贤惠的美德辅助他，因此，我才能在他们的余荫下顺利长大，努力学习。靠着上天赐予的福气，接受老师的教导，向四方寻求朋友，与善人为伍。现在，经过多年的抚育、教导，你们这一代也已经各自成人独立了。你们应该多想想先人创业的艰难，以光耀世德，使我的晚年舒心愉快。

简注

① 靖斋公：邹守益六世祖邹思贞，元朝末年红巾军起乱时，他因为智勇双全为人推重，有保障乡里之功绩。

② 三节：三位节妇，指邹守益的曾祖邹仕鲁的原配谢氏，侧室李氏、邓氏，三位夫人年轻守寡，矢志抚孤。

③ 毅轩封君：邹守益祖父，名思杰。

④ 劬（qú）孝秉刚：劬，劬劳；孝，孝顺；秉，持，引申为公正；刚，刚直。

⑤ 宗间：宗族邻居。

⑥ 易斋大夫：邹守益之父，名贤。

⑦ 以靖共于官箴：靖共，又为"靖恭"，意为恭谨地奉守；官箴，做官的戒规。

⑧ 大宜人：宜人，妇女封号；宋代政和年间始有此制。文官自朝奉大夫以上至朝议大夫，其母或妻封宜人；武官官阶相当者同。元代七品官妻、母封宜人，明清五品官妻、母封宜人。此处指邹守益的母亲周氏。

今闻诸仆诸佃①破坏我家法，朵颐②他姓，以得罪于宗族乡间，而尔等弗惩，是纵之也。我将何赖焉？往与汝母王宜人③拥炉煨栗，分啖尔辈，问尔所志，一以为文山，一以为颜子，我与汝母甚喜，天以道德忠孝倡我后也！至论世俗怙势纵仆，欺宗凌乡，汝皆笑唾之。今纵不能变风易俗，乃步骤之乎？良知之明，无异皎日，习俗所障，云雾滃集④，得严父兄、良师友法语巽言⑤，天机⑥自动。苟能充之，怂惩欲窒⑦，朗然本体，可圣可哲；不能充之，弗惩弗窒，阴浊日积，可夷可兽。呜呼，戒之哉！

最近听说我们家的仆人和佃农不守家法，仗势欺人，得罪了整个宗族乡里，而你们却不对其加以惩戒，这是在纵容他们继续为非歹啊。我还能指望你们当中的哪一个呢？以前，我和你们的母亲围着火炉，把栗子烤熟了分给你们吃，问起你们长大后的志向。你们一个说想做文天祥，一个说想做颜回，我和你们母亲都非常高兴，感觉是老天把道德忠孝的秉性赋予我们的后人。等到谈论到世俗中那些倚仗权势、纵容仆人、欺凌宗党、鱼肉乡里的人时，你们都笑着唾弃他们。现在你们即使不能移风易俗，也不应该步这些人的后尘吧? 良知之明，本和太阳无异，只是被一些坏的习惯遮蔽了，无法时时显现出来。如果得到父兄、师友的良言警劝，天赋的灵性自然发动。如果能扩充它，克制愤懑，遏止欲望，本心明朗，可以成为仁德智慧的圣人哲人；如果不能扩充它，不能克制愤懑和欲望，阴暗污浊的行为日积月累，就会沦为野蛮人甚至禽兽。呜呼! 你们要时常警戒啊。

| 简注 |

① 诸仆诸佃: 众仆人佃农。仆，仆人；佃，佃农。

② 朵颐: 鼓腮嚼食。这里为压榨、残害意。

③ 王宜人: 邹守益的妻子。

④ 滃（wěng）集: 云气腾涌貌；青烟弥漫貌。

⑤ 法语巽（xùn）言: 法语，讲说佛法之言；巽言，恭顺委婉的言词。这里泛指那些有劝谏、提醒作用的言辞。

⑥ 天机: 天赋的灵性。

⑦ 忿惩欲窒: 愤懑得到克制，欲望得到遏止。惩，克制；窒，抑制。

夫父母与妻子孰重？兄弟与奴仆孰亲？道义与利欲孰安？流俗与古人孰得？令名与羞辱孰荣？尔等明目聪耳，博古通今，可不思自择耶？吾室虽陋，恒有余宽；产虽薄，恒有余富；官虽黜，恒有余贵。彼方醉饱自骄墙间①，彼方哓嚅自甘奴颜②，彼方薓菲自蹈鬼域③，吾夙夜戒惧，履薄临深，薪以求内缵祖考，外副师友，仰对古宪，俯俟来哲，尔等勿以吾为迂也！《颜氏家训》曰："凡人不能教子女者，亦非欲陷于罪恶，但重于诃，恐伤其颜色，不忍楚挞，惨其肌肤耳。当以疾病为谕，安得不用汤药针艾之？"④今我为此约，以代药饵。吾子孙其永永服食，以却疾延年，自求多福！

| 今译 |

/

父母和妻子儿女谁对你比较重要？兄弟和奴才仆从谁和你比较亲近？道义和利益欲望哪个能让你安心？俗人与古人谁是真正的获得？好的名声与耻辱哪个才是荣耀？你们都耳聪目明，博古通今，怎么可以不好好思考一下然后作出选择呢？我们家的房子虽然简陋，但还有空间；田产虽然单薄，但还有余钱；官位虽然没了，但地位还在。那些庸陋的人，当他们在坟地边酒足饭饱的时候，当他们说话吞吞吐吐，自愿摆出一副奴才的样子的时候，当他们花言巧语，自愿与坏人为伍时候，我早晚警惕，如临深渊，只求能够对内继承父祖的德行，对外不负老师朋友的期待，向上对得起那些古老的训诫，向下启发那些后进的哲人，你们千万不要以为我是迂腐的啊!《颜氏家训》说："一般人不教育子女，并不是想让子女去犯罪，只是不愿看到子女受责骂而脸色痛苦的样子，不忍心子女被荆条抽打皮肉受苦罢了。这可以用治病来打比方，当子女生了病，父母哪里能不用汤药针艾去救治他们呢？"现在我把这份《家约》当成药饵，希望我的子孙能世世代代服用它，用以治病延寿，自求多福。

简注

① 醉饱自骄墦（fán）间：坟墓。用《孟子·离娄下》"齐人有一妻一妾"典故，大意为：一个齐国人每天跑到墓地去乞食别人祭祀剩下的食物，不知羞耻，反向其妻妾炫耀。

② 嗫（niè）嚅（rú）：嗫嚅，说话吞吞吐吐的样子。

③ 彼方蒌菲自蹈鬼域：在他花言巧语，自愿与坏人为伍时候。蒌菲，花言巧语的样子；鬼域，指道德败坏之人扎堆的地方。

④ "凡人不能教子女者"句：语出《颜氏家训·教子》。

实践要点

这篇《家约》是邹氏晚年写的，对象是众子，写作的直接动机是儿辈没有管理好下面的家仆，任纵家仆仗势欺人，得罪邻里。遣词诚恳而紧切，既有慈心的劝谕，也有严肃的警告，一片苦心跃然纸上。

他首先是历数祖上创业艰辛，让儿辈知道今天享受的一切都是几代先人积累德行而得来的，要懂得珍惜，继续发扬光大。其次是温情回忆儿辈童年的志向，唤醒他们的初心，提揭出"家传绝学"——良知之学。这一段尤其精彩，动人。接着以几个追问来敲击儿辈，使其反思生命中究竟什么样的抉择才是最有价值的。最后他自表心迹，道出自己日夜戒惧忧思，以来感发儿辈体谅他的苦心，懂得幸福须凭靠自己去谋求创造。

规劝犯了错误的家庭晚辈要讲求语言艺术。这篇家约是个很好的示例。邹氏晚辈都是成人，也是有修养、有身份的人，要照顾到他们的感受，一家人尽量不伤和气，话要说得委婉体面，以感化为主，谴责为辅。要深信人人都有良知，良知具有一念自知之明，用亲情激发良知，唤醒初心，是最好的训示方式。

附三：黄绾家训

黄绾（1480—1554），字宗贤，号石龙，又自号久庵山人、久庵居士、石龙山人等，后世学者称久庵先生。浙江台州府黄岩县（今浙江省台州市黄岩区北城街道新宅村）人。他一生经历明成化、弘治、正德、嘉靖四朝，为官二十余载，先后四次出仕、又四次请归，往来于北京、南京之间，历任后军都督府都事、南京都察院经历司经历、南京工部营缮司员外郎、南京刑部员外郎、《明伦大典》纂修官、光禄寺少卿、大理寺左少卿、詹事府少詹事兼翰林院侍讲学士、詹事府詹事、南京礼部右侍郎、礼部左侍郎、礼部尚书兼翰林院学士等职。

黄绾毕生以学圣人之学而"明道"为己任，青年时期师从理学名家谢铎而刻苦修习程朱理学。中年时期，与王阳明、湛若水等心学大家结盟共学，曾一度服膺于阳明"致良知"之学并创办石龙书院，致力于在浙南一代代传播弘扬阳明学；阳明殁后，多次上疏为阳明争取"名分"、辑刊过阳明存世文献，还嫁女于王阳明的儿子王正亿并将其抚养成人。晚年隐居翠屏山，"布衣草履，超然自足，远近学者争赴切劘讨论，终日不倦"，以读书、著书、讲学终老。他自觉地开展对宋明诸儒学术思想的批判，从而提出具有复古倾向而又有自家特色的"艮止执中"之学，堪称王门内部自觉修正师说的第一人。

黄绾好古深思，阅览博物，著述宏富。经学著作有《易经原古》《书经原古》《诗经原古》《礼经原古》《春秋原古》《四书原古》《大学、中庸古今注》《庙制考议》等，政论著作有《思古堂笔记》《知罪录》《石龙奏议》《云中奏稿》《边事奏稿》《边事疏稿》等，哲学、文学著作有《困蒙稿》《恐负卷》《石龙集》《久庵文选》《明道编》（亦作《久庵日录》）等，家乘编纂有《洞黄黄氏世德录》《家训》。

黄绾出身世代仕宦家庭，曾祖黄愉，字彦俊，以字行，明正统元年（1436）

进士，任兵部主事。祖父黄曜，字孔昭，以字行，更字世显，号定轩，晚号洞山迂叟，天顺四年（1460）进士，历任工部屯田司主事、通政司右通政、南京工部员外郎等职，嘉靖年间赠礼部尚书，谥文毅。父黄俌，字汝珍，号方麓，成化十七年（1477）进士，官至吏部文选郎中，嘉靖中赠詹事府詹事兼翰林院侍讲学士。黄绾虽身居高位，但无论是自修还是治家都十分严格，《行状》记载，他"忠贞出自性成，孝友原于天植。见有善则称扬之不置，见不善则斥詈无所容。处家御下，凛若秋霜；立心制行，皎如白日。"黄夫人"性真直，无作好恶，又善克家，言语不妄，举止端凝，视众子且一体，有疾苦则怜而恤之，有死丧则济之，御仆妾则蔼然慈惠也"，人称"妇德母仪，两无所愧，贤矣哉！"黄绾育有七男二女。长子黄承文，字伯敷，号石洞，官任南京通政司经历，升知府，从政廉勤明敏，练达知兵务，"为人规模阔大，胸次倜傥，善谈吐、多才干，富冠乡邑，声驰远近，亦一世之雄也"。他曾与王畿在天真书院聚首问学，关系介于师友之间。父亲去世后他遵礼制，丁忧家居，其后无意仕进，正式隐居，以读书终老，著有《石洞集》《青崖漫录》等书。

家　诫

人家以道德为本而不在势力。父子至性在道德，夫妇至恩在道德，兄弟至亲在道德，长幼至爱在道德，婢仆至恭在道德，亲友至情在道德，以至读书为仕只在道德而不在富贵。故可仕、可止、可久、可速，各随其宜，庶几不为市井庸俗之鄙夫！思于此立志，是为正本，其本既正，万事无失，方能兴育才贤，保家求世。所谓道者，顺其当然之理；所谓德者，得其忠恕之德。故书此以告一家，咸当深省。

| 今译 |

　　家庭的根本在于道德而不在势力。父子至性在道德，夫妇至恩在道德，兄弟至亲在道德，长幼至爱在道德，奴婢仆人至恭在道德，亲戚朋友至情在道德，以至于读书做官，也只在道德，而不在于富贵。所以可以做官，可以居家，做官时间可以久一点，也可以短一点，总之视具体情况而定，这样才能不沦为市井

里那些见识浅陋的庸俗之辈。内心想着在这方面树立自己的志向，就是端正根本，根本端正了，无论做什么事才能没有过失，才能启发教育贤能之士，才能保有家庭，有益于社会。所谓的"道"，就是顺应事物本来应该有的规则，所谓的"德"，就是一方面尽心为人，一方面推己及人。写下这些话来给一家人看，希望你们都能深刻省察。

▎ 实践要点 ▎

这篇《家诫》简短精悍，开篇以连串排比句强调家庭的根本在道德。今人"道德"一词连用，含义近乎"伦理"。古人是拆分开解释的，依照石龙先生，道就是顺从自然的规则，也就是天理，而德是忠恕。忠恕在儒家的语境里就是仁。《论语·里仁》篇载：子曰："参乎! 吾道一以贯之。"曾子曰："唯。"子出，门人问曰："何谓也?"曾子曰："夫子之道，忠恕而已矣。"曾子对孔子一以贯之的仁道的理解就是"忠恕"二字。按宋儒程伊川的解释，忠，是尽心为人；恕，是推己及人。总之，忠恕是儒家处理人际关系的要则，一样适用于家庭成员，而且有血缘亲情，相对更容易体味到将心比心而做到忠恕，这是人伦之道，也是顺从天理。在这里，石龙先生可谓点出了"道""德"二字于家庭的真义。

劝子侄为学文

圣学之在天地，犹粟菽①之济饥、布帛之御寒。饥寒逼人，无粟菽、布帛则死，然犹可旦夕而无，圣学则不可旦夕而废。吾家赖祖先积德数百年，至于今有此子孙，皆耳目聪明、四体充具，惟知富贵声利是尚而不知所以为学。吾则慨之、伤之，而深忧之，甚于饥寒以逼之也。

| 今译 |

圣学在天地之间，就好比粟菽之于救济饥饿，布帛之于抵御寒冷。在饥荒寒冷威胁到人的生存时，人如果长时间内得不到粟菽、布帛的救助，就得死；但假如只是在一个很短的时间内缺乏它们，却还可以坚持下来。而圣学与粟菽不同的地方就在于，它是一刻也不能放松的。我们家依靠祖先数百年来积下的德行，到今天终于有了你们这些耳目聪明、身体健康的子孙，只可惜你们光顾着追逐富贵名气而不知道好好学习，我很感慨、伤心，并且为此感到深深的忧虑，那是一种比饥荒寒冷还要严重的紧迫感。

① 粟（shù）菽（shū）：粟，谷子，去壳后叫小米，中国北方主要粮食作物；菽，豆类的总称。

夫所谓学者无他，致吾良知、慎其独①而已。苟知于此而笃志焉，则凡气习沉痼之私皆可决去，毫发无以自容。天地间只有此学、此理、此道而已。明此则为明善，至此则为至善。

| 今译 |

/

所谓的学，无非就是"致良知""慎独"而已。如果能够知道这一点并且专心致志，那么，你的习气、癖好中那些关于私欲的部分都可以去掉，一点也剩不下来。天地之间也就只有这门学问、这个理、这个道而已。明白了这点就是明白了什么是善，做到了这一步，也就到达了至善的境地。

| 简注 |

/

① 慎其独：儒家最重"慎独"，指在独处时或个人面对自己内心时谨慎

不苟。

今诸子侄同此良知而不知以为学，虚度光阴，将同草木，遂成腐落，犹弗自觉，何也？使学之，则劳己之力，费己之财，父母恶之，先祖恫之，乡人贱之，如此而不学可也；今不劳己之力，不费己之财，父母欲之，先祖歆之，乡人荣之，又将天下万世荣之，何苦而不学？吾实不知其谓矣。况富贵有命、得失有数，今欲强其命之所不与，攘其数之所不有，不有人过，必有天刑，亦可惧哉！诸子侄其戒之勉之！

| 今译 |

现在诸位子侄都有天生的良知却不知道用它去学习，整天就知道虚度光阴，将来恐怕只能与草木一样腐朽凋落，可你们自己好像还不能觉察到这一点，这是为什么呢？假如学习会导致自己精力的消耗、钱财的浪费，招致父母的厌恶、祖辈的恫吓、乡人的轻贱，那么，不学习还是可以理解的，但现在学习既不消耗自己的精力，也不浪费自己的钱财，父母都希望你能学习，祖辈为你能学习而感到高兴，乡人都把你能学习视为一种荣耀，而且将来天下万世也将为你的感到光荣，你何苦不学习呢？我实在是不知道为什么啊！何况富贵看命运，得失也看命运，现在你们老想着去勉强追求命运所不曾赋予你的东西，即使没有人祸，也必然会受到上天的惩罚，这也是要谨慎的啊! 各位子侄请警戒、努力!

| 实践要点 |

"官二代"子弟不好好学习，唯富贵声利是崇，结局往往是散尽家财，丧坏门风，为世所唾弃。身居高位的黄绾目睹家族此风气，"慨之、伤之，而深忧之"，比饥寒还难受，于是有了这篇劝学文。

他重点强调：人生在世，就紧要就是求学。具体说来就是追求"致良知"的圣贤学问。求学全凭自己的真诚与勇气，不仅不耗费什么财力物力，而且又是人人所向往、赞赏、引以为荣的事情。富贵得失是有运气因素的，学习却是主观能动的，能自作主宰，还有什么理由不好好学习呢? 不学习的人不会自觉到天良，最终和草木一样腐朽，没有价值可言。文末黄绾还发出警告：超出能力范围去强求富贵是会遭天谴的! 还有什么理由不戒除功利习气呢? 大概是形势紧迫，语气严厉痛切，才能彰显警醒效用。在大是大非面前，要谨守底线，丝毫不能松懈，尤其是官宦家庭，位置越高，权力越重，责任、影响就越大，一旦贪腐，祸国殃民，不可不慎!

戒子侄求田宅文

田以给耕取足衣食，宅以栖止取足庇身，过此有求，是皆贪得无厌、怀居侈大①之情，君子必所不取。吾家赖祖先积德、母氏勤俭，有此居室、有此恒产，贻我兄弟及尔子侄。又各思增置，吾窃忧之。夫田园广则恐其荒芜，此《甫田》诗人②之所以戒也；土木胜则惧不安人，此晋士苗③之所以谏也。况多财损智，为富不仁，子孙不肖，家之败亡皆由于此。今欲广田宅以大其欲，则必知非自修保家之本。

| 今译 |

耕作用的田地，足够供给吃穿用度就行了；居住用的宅邸，也是到能够遮挡风雨的程度就行了，假如在这些日常的需要之外还执着追求，就属于贪得无厌，怀恋富贵，君子是一定不会做的。我们家靠着老祖宗积下的德行，还有母亲们的勤俭持家，才拥有现在的这些宅邸、田地，可以留给我们兄弟以及下一辈的子侄。现在你们又各自想着增房置地，我感到很忧虑。田园广大就会害怕它荒芜，

这是《甫田》这首诗之所以写作的原因；房子太美就得担心它不能使人安宁，这是晋国的士茁之所以劝谏智伯的原因。更何况钱财太多会影响人的理智，为富不仁，子孙不肖，以及家族的败落，都是由于这个缘故。现在你们想要扩充田宅以增大人的欲望，我知道这一定不是修身保家的根本。

| 简注 |

① 怀居侈大：留恋奢侈阔大的房子。

②《甫田》诗人：《甫田》，《诗经·国风·齐风》中的诗篇。诗曰："无田甫田，维莠骄骄。无思远人，劳心切切。无田甫田，维莠桀桀。无思远人，劳心怛怛。婉兮娈兮。总角丱兮。未几见兮，突而弁兮！"乃一首劝农诗。诗人，特指《诗经》的作者。

③ 晋士茁：典出《国语·晋语》："智襄子为室美，士茁夕焉。智伯曰：'室美矣夫？'对曰：'美则美矣，抑臣亦有惧也'。智伯曰：'何惧？'对曰：'臣以秉笔事君，记有之曰：高山浚源，不生草木，松柏之地，其土不肥。今土木胜人，臣惧其不安人也。'室成三年而智氏亡。"

昔吾五世祖统五府君、高祖松坞府君①，皆积赀②可丰，然求田取其给耕而止，作室取其足庇而止。于时乡俗方以豪奢争尚，畎亩③每连阡陌④，堂宇皆极雕峻，澹然无所歆艳，惟惧多营田宅以累其德，以贻祸子孙。吾祖文毅公⑤平生居官清慎尽忠，家务略不经心，子孙田庐存否，官爵有无，皆无所计，至今观之，其彼此优劣何如？得失何如？其为效验亦可知矣。惟愿尔曹回思先德，居法子荆⑥，业止葺旧，不复思为华堂，求为广土，以夺其志，以丧其德，则吾家福泽将无穷矣。故书以为戒。

以前我的五世祖统五府君、高祖松坞府君，积攒的财富都很丰厚，但他们买田地只买到足够耕作的程度，建房子则只建到有地方住的程度，并不一味贪多求广。那时乡里的风俗以豪华奢靡为尚，大家买起田来都是连阡越陌，建起房子来都是精巧又高大，他们却很澹泊，且从不对此感到羡慕，反而害怕过多的田宅会有损他们的功德，祸害自己的子孙。我的祖父文毅公一辈子做官清廉谨慎，恪尽职守，对经营家庭却毫不上心。子孙有没有田地宅邸，有没有官位爵位，他都不计较。可现在看来，他和那些只知道求田问舍的汲汲营营之辈孰优孰劣，孰得孰失，效验应该是很明显的了。但愿你们好好回想一下祖先的高德，日常行为效仿卫公子荆，只修修老房子就够了，不要再想着去造华丽的房子，追求无穷无尽

附三：黄绾家训

171

的土地，并防止因此而改变志向，丧失德行。如果能这样做，我们家的福禄就会一直延绵下去。写下这些话，希望你们能够引以为戒。

| 简注 |

① 五世祖统五府君、高祖松坞府君：据1915年《洞黄黄氏宗谱》，可知黄绾的五世祖为黄与庄，高祖为黄礼遐（又名黄尚斌）。

② 积赀：积攒的财物。

③ 甽（quǎn）亩：田地。

④ 阡陌：泛指田间小路。

⑤ 文毅公：黄绾的祖父黄孔昭（1428—1491），名曜，字孔昭，别号定轩，晚号洞山迂叟。天顺四年（1460）进士，官至南京工部右侍郎。嘉靖年间以黄绾贵赠礼部尚书，谥文毅。著有《定轩存稿》。

⑥ 子荆：春秋时卫国大夫，字南楚，卫献公的儿子。《论语·子路》有：子谓卫公子荆善居室，始有，曰："苟合矣。"少有，曰："苟完矣。"富有，曰："苟美矣。"

| 实践要点 |

又是一篇劝诫训示。一来是黄绾要求严格，洞察世故，深谙防微杜渐、盛极必衰之理。二来是子侄实在让他不省心，要求增购田地、住宅，过度贪求。中晚明的社会经济活跃，攀富斗奢的风气大行其道，官宦世家子弟容易染上此恶习。惹得黄绾颇费口舌笔墨，敲击警告。

在他看来，田地够耕种，住宅够居住就可以了。过量的财富是一种负担，会令人"损智"、"丧志"、"丧德"，留给子孙无穷的祸患。王阳明身后，家族的不幸纠纷就是一个典型案例。黄绾介入讨王氏家族的这场纠纷，在阳明三年之丧后，把年仅五岁的正亿带到南京，将孤儿抚养成人，可谓用心良苦，故而更深有体会了。他唯有不断列举善始善终的先祖作为榜样，让子侄们去思考、效仿，懂得淡泊知足就是家族最大的福泽。

附四：薛侃家训

薛侃（1486—1545）字尚谦，号中离，广东揭阳（今潮安县庵埠镇薛陇村）人。正德十二年（1517）登进士，正德十六年（1521）选礼部行人司行人，后迁司正，上《正祀典以敦化理疏》，建议陆象山、陈白沙从祀孔庙，又上《复旧典以光圣德事疏》，遭人构陷，触犯帝讳，被逮下狱廷鞫，惨毒备至而宁死不屈，一时为朝野所称重。冤情大白后，削职放归，晚年游学江西、浙江，汇聚同道讲学。

早在正德九年（1514），青年时期的薛侃在南京拜入王阳明门下，自此服膺师教，一生致力于维护师门，弘扬师说，对阳明学的传播作出了重大贡献。他首抄《朱子晚年定论》，首刊《传习录》，与王龙溪合编刊刻《阳明先生则言》，还命其侄薛宗铠刊刻《阳明先生诗集》。他积极参与经理阳明的家族事务，教导阳明儿辈，在阳明身后料理后事，发动同门轮值守护阳明的妻儿。先后筑杭州天真精舍、潮州宗山书院祭祀阳明，为同门所推重。在他的热忱接引下，薛氏兄弟子侄及潮州众士人纷纷成为王阳明的追慕者，在岭南掀起王学热潮。黄宗羲的《明儒学案》将其列为闽粤王门之领袖。

薛侃之学术思想，主要见诸《云门录》、《研几录》、《图书质疑》，大体不出其师阳明之矩矱，"论宗良知，以万物一体为大，以无欲为至"，极重践行，凡足之所履，必竭力察民之苦，解民之困，一生共兴修水利路桥三十余处，至今仍惠泽乡里。

在家风建设方面，薛侃本人带头以身作则，实施宗族教化，"兄弟同居，百口同食，寸帛无所私处，不给若罔知。闺门整肃，内外蔼然，一以礼义相亲。尚建家庙，增祭田，立族训，宗族称焉"。

薛侃兄弟叔侄都是王门弟子，保持着不欺良知的忠贞家风。薛侃兄薛俊，字尚节，历任连江训导、玉山教谕，后升国子学正。弟薛侨（1500—1564），字尚迁，嘉靖二年（1523）进士，官至东宫右春坊司直，兼翰林院检讨事。薛俊的儿子薛宗铠（1498—1535），字子修，号东泓，与其叔父薛侨同登进士，历任福建贵溪、建阳知县，礼科给事中、户科给事中，因弹劾权奸汪鋐，反被诬陷受八十廷杖而死，明史誉为"直言无畏，忠鲠之臣"。薛氏家族承传至今五百年，仍是有影响力的当地望族。

中离公祠训

凡我宗亲，咸听祠训。为父当慈，为子当孝。为兄者当爱弟，为弟者必敬其兄。士农工商，各精其业，冠婚丧祭必循于礼。守法奉公，隆师教子，亲朋有义，闺门有法。务勤俭以兴家，务谦厚以处乡人。毋事奢侈，毋习赌博，毋争讼以害俗，毋酗酒以丧德，毋以富欺贫，毋以下犯上，毋因小忿而失大义，毋听妇言而伤和气，毋发粗言，毋责人不备，毋为亏心之事以损阴德，毋为不洁之行以辱先人。善相劝勉，慈相规戒。依此训者，祖宗佑之，鬼神福之，身必康寿，家必昌隆。违此训者，自罹①灾咎，悔之无及。

| 今译 |

凡是我薛氏宗亲，都应该听从祠训。做父亲要慈爱，做儿子要孝顺。做哥哥的要友爱弟弟，做弟弟的要尊敬哥哥。士农工商，各精其业。无论成人、结婚、丧葬、祭祀各项事宜，都要遵守礼法。守法奉公，尊师教子。亲朋之间讲究情

义，闺门之内讲究法度。居家要勤劳节俭，与乡人相处要谦虚宽厚。不要奢侈，不要赌博，不要挑起诉讼，这样会败坏风俗，不要酗酒，这样会丧失德性。不要以富欺贫，不要以下犯上，不要因为小小的忿恨而丢失大义，不要听信妇人的言语而伤害和气。不要说粗话，不要指责别人不够完美，不要做亏心事损害自己的阴德，不要做不干净的事以使自己的祖先受到蒙羞。以善良互相劝勉，以慈爱相互劝诫。能够遵照这份祠训的人，祖先将会保佑他，鬼神将会赐福给他，身体一定健康长寿，家庭一定繁荣昌盛。违背这份祠训的人，一定会自取其祸，后悔无及。

| 简注 |

① 罹（lí）：被，遭受。

| 实践要点 |

这篇祠训通俗直白，至今仍被族人誊抄装裱，悬挂在薛侃故里的薛氏祠堂中。薛侃毕生耗费很多心血致力于乡里宗族建设，祠堂经常是他施行教化的场所。他居乡时逢每月初一、十五率领族众拜谒家庙，行祭时"必诚必慎"，"长幼莫不敬且信"，祭毕行团揖礼，令族人读祠训后，再三强调"毋违斯训"。子弟有为善的，他自己掏腰包奖励，有违背祠诫的，或罚跪拜，或执行刑责，或罚赎金用于购买祭品。遇到父母的忌日，他会专门设灵位，供奉双亲生前喜欢的食品，

"追思挥泪"，子孙"男左女右，务尽礼仪，祭毕申明家训"。早晚还令子侄"各讲故事一条"，让家里内外乃至仆人奴婢都要听讲，他这样励族人："可使义门郑氏专美于前乎？"义门郑氏，位于金华市江县郑宅镇，族人以孝义治家，自南宋至明代中叶，十五世同居共食360余年，故称"义门"，屡受朝廷旌表，明洪武十八年太祖朱元璋亲赐封"江南第一家"。薛侃心中的家族典范正是郑义门，但他自信满满能追赶得上。

薛氏这种做法仍然值得我们今天借鉴。普通人家没有祠堂家庙的，逢年过节依然可在家中祭祖，仪式繁简、祭品丰俭可因地制宜，关键是一念之诚。家长可以借此机会宣讲、分享先祖的事迹，勉励后人去承前继后，这不仅是历史教育、榜样教育，更能启发后人深切地体会前人的辛苦付出，从而培育感恩之心。

仪式的力量是强大的。著名史学家、美国艺文及科学院院士何炳棣（1917—2012）这样忆述儿时的家庭祭祀对他的影响：

记得我大约阴历十岁的那年、有一天父亲在沉思之后对我们说，不知为何昨夜梦见他的父母，可能由于他在外多年，从未按生日、忌日祭祀过父母。父亲决定今后一定要按生日忌日举行祭祀。除了叫家里准备素菜肴（内中必须包括以薄薄的豆腐皮裹入黄豆芽、冬笋丝、冬菇丝等极爽口的"豆腐包"）之外，要以锡箔叠元宝，装进印好格式的纸包，纸包要按以下的方式由我以恭楷写：右行"浙江金华北乡瓦密头巴山亥向"。当中写："先考何公讳志远府君、先妣陈夫人"，左行下半："孝男寿权、孝孙炳棣"，等等。由于父亲应酬忙，忙时由我代祭。祭前出门捧香向南揖拜迎接祖父母之灵，请到上房之后，要三度敬酒，三度磕头。第三次磕头之后以一杯酒按"心"字形泼在地上以示报恩之诚。然后持香出门，烧纸包，恭恭敬敬地向南揖拜"送别"。自始父亲即强调一点：一切要心"诚"。幼年这种训练使我后来非常容易了解孔子、荀子论祭的要义。（《读史阅世六十年》，中华书局2012）

香港知名的企业家、慈善家田家炳先生（1919—2018），他一生把自己总资产的80%都用于教育、医疗、交通等公益慈善事业，捐助了93所大学、166所中学、41所小学、19所专业学校及幼儿园、大约1800间乡村学校图书室，以"田家炳"命名的学校或学院遍及所有省级行政区，因此被誉为"中国百校之父"。他出身于广东大埔的耕读之家，父亲是当地乡绅，有着典型的儒家士大夫人格。据田老的长子回忆说，父亲给他们印象最深的教育是：田老每年春节都要集中全家数十口人进行隆重的家祭，他跪在列祖列宗的牌位前，汇报自己一年的工作，包括家庭情况，说到有的孩子没有教育好而出事时，不禁会痛哭失声，还会严厉责备自己，对不起祖宗。孩子们跪在后面，不敢吭声，只有默默的反躬自省。

家庭、祭祀、祠堂，一直是中华文明生生不息、国人寄托善恶信仰的神圣所在。

与诸子弟书

　　别来数岁，回首惊心，余无挂记，惟以吾弟见了俚或未安分尽礼为忧耳。盖吾德寡莫能深益，力薄莫能相资，致有营于外，此治生之道，人所不免，但不宜以侵于人耳。盖自吾登第，家门靖壹，未招物议，自再联登①以来，力分势溢，始有恣纵倚藉托冒者，事非自吾，然指摘自我，毁议自我，故吾不得不辑②也。辑之而闲有家，以无堕先德，吾之责也；不辑而得罪乡间，亦吾之责也。人心莫不知善当为，知恶当去，及其有溺，则虽不善亦或为之。人情皆知止足，及其希高慕远③，虽富连阡陌，犹日孳孳未已也。人生寿岁几何？福力有限，以不足之心为或为之事，不极不反也，不败不已也。至极而败，悔之晚矣。吾家居时谓"居官则思益其民，居乡亦思益其乡"，故不能杜门避迹，修名远谤，然吾所为者皆公举也，所言者皆益于人、益于友也，故当时诸公以吾未尝有私。察其乏，我赒也，善其辞，我馈也，不然厌且鄙之矣，又何能尔乎？他如外氏有殖，炉山有营，亦于公无碍，于人有益，未尝不可对人言者也。设有之，于人可掩，于汝辈其能掩乎？

分别到现在已经好几年了，再回首不禁心惊。其他事我没什么好记挂的，只是担心兄弟子侄不能安分守礼。我素来善行无多，没办法让其他人从中受益；财力绵薄，也没办法和其他人互相帮助。因此在外地有所经营，这是生活的需要，人人都无法免俗的，但不要因此侵夺了他人的权益。我们家在只有我一个人登第的时候，家门安定统一，尚未招致外人的非议；等到几位兄弟子侄连续登第，家门力量分散，权势溢出，才开始有托籍假冒之人在外面放纵寻衅。这些事并不是由我做的，但指摘非议均自我而生，所以我不得不加以整肃。加以整肃而能使家庭有序，不丢弃先人的德行，这是我的职责；不加以整肃而导致得罪乡里，则是我的过失。人心没有不知道善当行，恶当去的。但一旦有所陷溺，还是可能去做不道德的事。人之常情都知道适合而止，但等到他野心膨胀，则虽田产、房产遍地，也仍会每天孳孳以求。人生在世，寿命能有多少？福力有限，以不知足之心去做不道德的事，就会不到黄河心不死。等到了黄河，后悔已经来不及了。我平素在家曾说："做官就应该想着怎样做才能有益于民众，在乡就应该想着怎样做才能有益于乡里。"所以，我一直没办法做到闭门不出，修个好名声，远离诽谤。但我所做的都是公众推举我去做的，所说的都是能对他人朋友有所裨益的，因此当时诸缙绅都觉得我没有私心。看到别人的匮乏，我接济他；听到嘉言善行，我奖励他。不然的话，我就会被讨厌鄙视，又怎能被别人认可呢？其他像在外地有田产生意，也是于公没有妨碍，对人有所裨益的事，并非不可以示人。即便有，我能骗得了别人，还能骗得了你们吗？

① 联登：联袂登第。指家族中先后有几位成员成功通过科举考试。

② 辑：收敛。

③ 希高慕远：向往高处和远方。此处具体指贪恋财富和权势。

盖吾家自大父当里役①，陪赃倾颓，贫将三世矣。今赖遗庆②，一十年来，此房彼室亦稍有资矣。向也饔飧不给，今廪有余粟矣；向也寒暑不周，今箧有余布矣；向也敝卢不蔽，今各有奠居矣；向也自奔走自负戴，今出有舆马、有执役在其后矣。夫如是亦可以自幸，可以为善矣。正宜敛华就朴，敦本尚行，尊祖睦宗，怜贫恤孤，益修其德，以答天麻③。苟不知足，终日营营，骄奢放恣，上天必厌，鬼神必恶之矣。先居之财未必为有，况能增益为子孙长久之计乎？吾三人者备员无补，未必复能寸进，况弟侄子孙追踵继武，益衍书香于无穷乎？幸细思之，幸细思之。且贵而能下，益见其美；贵而能施，益培其福。天之所生，地之所养，一二亩之业可以食一家。今吾有百亩，是并十家之养养一家，并百人之养养一人矣。苟无其德，已为弗堪，又况从而侵陵之乎？夫

均人也，汝厚我薄，平居无事，心既巳不平矣。及其有
事，吾忍而受之，悯而容之，庶几平等。若嗔其拂己，
詈之箠之，或诉而治之，则其忿怼怨阽之气将何如哉！
夫天地者，人之父母也；人者，天地之子也。贤愚贵贱，
均一子也。今为人子而惟自崇自殖，罔念鞠子④之哀，
为父母者将听之乎？抑亦怒而责之乎？此理不待明者可
知矣。闻自吾离家亦颇体悉，但犹有未尽者。

| 今译 |

/

我们家自从祖父因为当里役导致贫困衰颓，到现在已经过了三代人的时间了。
好在靠着先人的福泽，这十一年来，各房都稍稍有了一些积蓄。以前吃不上饭，
现在仓库里都有余粮了；以前冬夏都缺少衣服穿，现在筐里都有余布了；以前房
子又小又破容不下身，现在各房都各自有居所了；以前自己背着东西奔走四方，现
在出门都有马车可乘，奴仆相随了。对这样的情况，我们应该感到幸运，然后去
做一些善行。现在正好收敛浮华，接近淳朴，敦厚根本，崇尚实践，尊祖睦宗，
怜贫恤孤，修养德行，以报答老天的庇佑。假如不知足，终日为了荣华富贵而忙
碌不安，骄傲奢侈恣意放纵，老天一定会厌弃我们，鬼神也一定会憎恶我们的。
先前所占有的财产都未必能保持，更别说持续增加以留给子孙后代了。我们三个

人现在都处于候选官员阶段，未必将来还能在官场上继续前进；何况更进一步让子弟们能踵武其后，使书香一脉连绵不绝呢？希望你们好好想想这件事情。有钱而能谦让，更可以显示出他的美德；显贵而能施予，更可以培育他的福气。天地所产，一二亩地就能养活一家人。而现在我们有百亩田地，这是用可以养活十个家庭的资源来养活一家人，用可以养活一百个人的资源来养活一个人。如果没有相应的德行，已经很难承受得起这份福气了。更何况进一步去侵夺欺凌别人呢？同样都是人，在我们过得很好而他过得不好的情况下，即使是平常无事，心里也已经感到不公平了。等到有事，假如我们能够忍让，怜悯他们，包容他们，就可以做到基本的公平。如果不顺我们的意就责怪、辱骂、甚至殴打，或者提起诉讼以期得到官府的帮助，那么，这些人的怨恨愤懑该怎么平息呢？天地是人的父母，人是天地的儿女。贤愚贵贱，都只是儿女中的一个。现在有做人子的只顾增加自己的财产，不理会其他小孩子的悲哀，做父母的会听之任之吗？还是会感到愤怒而责怪他？这里面的道理不用讲你们也明白。听说自从我离开家之后，你们也颇能体会，但还是有做得不够的地方。

| 简注 |

/

① 里役：乡里的役人。

② 遗庆：余庆，泽及后人的福气。

③ 天庥（xiū）：上天的庇佑。

④ 鞠子：小孩子。

自今已往，凡契子①一切绝之，凡有我犯一切容之，非干己事一切勿预，公私词讼一切勿行。治家者以勤俭兴家，读书者以科贡治生，谦恭自牧②，遇人有礼，万一匮乏，俟当有助。否则譬之舟然，篙之橹之、帆之缆之③于一舟之上，而或椎之凿之于一舟之下，则舟未有弗溺者也。然则操舟者将有处乎？抑亦立而俟其胥溺乎？惟心亮之，毋遗后悔。可粘屋壁，以时警观。

从今往后，凡是想托籍到我们家中当义子的统统拒绝，凡是冒犯我们的统统包容，不插手与己无关的事，不挑起公私诉讼。治家的人要勤俭持家，读书的人要专心在科举考试上，谦虚自守，待人有礼，一旦遇到有所匮乏的人，要在合适的时候提供帮助。否则就像船一样，一些人在上面撑篙摇橹、扬帆放缆，另一些人却在下面不断椎凿，船一定会沉没的。掌控船的人还能有什么办法吗？就那样站在那里等着船沉没吗？心里要明白，不要将来后悔。你们可以把这篇文章粘在墙壁上，不时观看，警醒自我。

① 契子：契，契约，盟约；契子，义子；明代部分平民为逃避徭役赋税，托籍于拥有赋役豁免权的士大夫名下，甚者更借势胡作非为。

② 自牧：自我修行。

③ 篙之橹之、帆之缆之：篙，撑船的竹竿或木杆；橹，比桨长大的划船工具，安在船尾或船旁；帆，挂在船桅上的篷，可以利用风力使船前进；缆，系船的粗绳或铁索。篙、橹、帆、缆都是船上工具，在这句话中均做动词用。

| 实践要点 |

/

这封书信涉及明代中晚期一个突出的社会问题。在明代，读书人之所以拼尽全力考取功名，不仅仅是因为官位的诱惑，也是因为各种功名所带来巨大的经济利益。一个人假如乡试中举，那么，举人的身份不仅可以帮助他取得任官的资格，也能让他免除人头税和徭役，甚至在他名下的田产，也可以免去部分的税收。而假如他能像薛侃一样成为进士，那么，无论他名下的田产有多少，均可免缴国粮。因为这个原因，很多普通老百姓争先恐后地把自己的田产挂在达官贵人的名下，出卖自身部分利益来攀附权贵，躲避各种苛捐杂税。更有甚者，这些托籍在达官贵人家里的"契子"还狐假虎威，利用绅士的特权横行乡里，为非作歹。这种情况不断发展，就使国家的可征税对象不断缩小，而一般农民所受的税收压力不断增大，最终酿成社会矛盾的大爆发。托籍现象的流行，根本原因在于士大夫的不知检点，为了一己私利，纵容了属下的越界之举，败坏了社会的风气。薛侃已经意识到了这一问题的严重性，所以在信的最后，他要求自己的子弟们要严拒那些投靠到他们家的"契子"。这种风气今人也有，媒体不时曝光社会上各种"干爹""干女儿"的丑闻，虽非为了避赋税苦役，但"权力寻租"的实质古今是一样的。

当然，本信最大的主旨，还是劝说家中子弟对眼前的荣华富贵要知足自制，不可一味贪求。前人栽树，后人乘凉，钟鸣鼎食之家的少爷们陷入骄奢淫逸的生活之中而无法自拔，是无论哪个社会都要面临的难题。我们在王阳明、黄绾的家庭身上就看到类似情况，薛侃也不例外，他一方面劝诫子弟克制欲望，谨慎为人，一方面诉诸于先人，希望用祖先们勤俭谦让的美德感化子弟；然后是讲道理，所谓月满则亏。薛侃一再强调，给一个人带来美好生活的，是他的内在道德，而不是钱财、房产这些身外之物。仗势欺人，只会不断增强无产者的仇恨，最终受到来自老天的惩罚。

从这里我们可以看到，古人与现代人一样，需要面对财富、地位、权力的诱惑，并且在纵欲的诱惑下，坚持一种得体的、自我克制的生活方式，即便在名儒的家庭中，也是困难的。我们总寄希望于通过道德的劝诫，以增强个人的内在修养。我们或者会问：当这些家书一而再、再而三地出现某种相似的论调时，是否正佐证了这种劝诫的苍白呢？答曰：这样的努力绝非徒劳。现实的人生尽管从来没有完美过，但如果没有道德理想的指引，只会是更为卑污不堪。薛氏家族的世代兴旺，至今仍纪念、祭祀薛侃这位先祖，正印证了其家训思想的生命力。

薛侃要求把此信贴在墙上，让家人见字如面，时时警醒。这做法在古代颇普遍，今人不妨仿效。

后　记

评注的工作断断续续进行了几个月，到今天终于告一段落。遗憾之处当然还有，比如王阳明家书中涉及的大量掌故、人名，即使在网络检索极其便利的今天，也仍无法一一索解。还有翻译的问题：占本书绝大部分篇幅的书信内容和文字都比较通俗，是否有必要翻译？如翻译，是逐字"硬译"还是"意译"即可？最后，考虑到明代浅白的文言到底在语法、词汇上与今天的白话存在较大差距，我们还是进行了翻译。但学力所限，译文只能做到基本的传情达意，离严复所标举的"信、达、雅"还有相当的距离。这些，都只能寄望于今后有机会继续改进了。

王阳明没有写过以"家训"为题的篇章，本书所谓家训，除《示宪儿》《客座私祝》两篇系对子弟的训诫以外，其余的实际是他写给子弟书信的选集。这一方面导致本书在系统性上无法与《颜氏家训》《温公家范》那样的专门著作相比，但也因此获得了某种灵活性。如果说《颜氏家训》等书反映的是作者对于如何经营一个家族的整体思考，那么，本书选录的阳明家训则反映了他对家庭生活中所遭遇的具体问题的见解。以爱读家训闻名的周作人曾经抱怨过部分理学家的家训"虚假得讨厌"（《关于家训》），阳明的家训显然不存在这个问题。相反，亲切感是我们阅读这些书信时得到的最直观的印象。作为一名高级官员、学派领袖，阳明对子弟的关心、教育涉及立志、求学、交友、应试、治家，甚至养生等方方面面。但无论谈论什么问题，他总是言辞恳切、极有耐心，有时甚至近乎絮叨。在这些纯从内心流出的文字当中，我们看到的，不是一位板起面孔说教的学究、领导，而是一位苦口婆心的父亲、兄长。他尝试将自己对于"心即理"的体悟传达给子弟，但不是以抽象论辩的方式，而是以具体的实践为例。阳明心学之所以能在明代中后期风靡全国，和阳明先生身上强大的践履精神是分不开的。我们在附录所选的王门弟子家训中，也依然可以感受到"行动中的儒家"（杜维明先生语）的魅力。

另外一点值得探讨的是，古代士大夫的"家"的规模，比我们现在习惯的三口、五口之家要大得多。那时一个人读书入仕，往往是整个家族共同努力的结果。功成名就之后，他也有责任领导整个家族走向更高的社会地位。本书中的阳明以及其弟子，都是这样的大家长。他们深陷乡族巨大的漩涡之中，承受着巨大的压力。以阳明为例，王家由于他父亲王华的科举成功，进入了士大夫家庭的上层。到阳明先生这一代，他的兄弟们已多少染上了富家子弟的毛病，更遑论他们的下一代。许烺光在《祖荫下》所分析的导致传统社会"富不过三代"的种种弊病，正在缓慢侵蚀着家族的根基。所以我们在家训中看到的阳明是充满了忧虑的，他一方面因为国事常年在外，一方面又要忧心家中的诸般事务。"当家难"在当年，并不只是一句无关痛痒的感慨。

近百年来，随着社会的急剧变动，中国的家庭结构虽然发生了重大的改变，"齐家"也不见得比当年容易。学习古人在处理家庭内外复杂人际关系时的智慧，对于我们在各种家庭、社会事务中去实现自我-他人的共同修炼与成长，仍然是多有助益的。这，正是我们合作这本小书的初衷。

陈椰　林铎　己亥中秋

图书在版编目（CIP）数据

王阳明家训译注 /（明）王阳明著；陈椰，林锋选
编、译注 . —上海：上海古籍出版社，2019.11
（中华家训导读译注丛书）
ISBN 978-7-5325-9394-1

Ⅰ.①王…　Ⅱ.①王…　②陈…　③林…　Ⅲ.①家庭道
德—中国—明代　②《王阳明家训》—译文　③《工阳明家训》
—注释　Ⅳ.① B823.1

中国版本图书馆 CIP 数据核字（2019）第 234977 号

王阳明家训译注

（明）王阳明　著
陈椰　林锋　选编、译注

出版发行　上海古籍出版社
地　　址　上海瑞金二路 272 号
邮政编码　200020
网　　址　www.guji.com.cn
E-mail　guji1@guji.com.cn
印　　刷　启东市人民印刷有限公司
开　　本　890×1240　1/32
印　　张　7.25
插　　页　8
字　　数　171,000
版　　次　2019 年 11 月第 1 版　2019 年 11 月第 1 次印刷
印　　数　1—4,100
书　　号　ISBN 978-7-5325-9394-1/B·1115
定　　价　39.00 元

如有质量问题，请与承印公司联系